云计算和大数据系列丛书

本书出版得到教育部人文社会科学研究青年基金项目“基于多人物表情自动识别的课堂教学评价研究”(23YJCZH336)、中南财经政法大学中央高校基本科研业务费专项资金项目“面向投资者与消费者交易兴趣的表情分析技术研究”(2722024BQ069)的资助。

四元数神经网络在人脸表情识别中的应用：理论、方法与实践

周宇　著

图书在版编目(CIP)数据

四元数神经网络在人脸表情识别中的应用 :理论、方法与实践 / 周宇著. -- 武汉 :武汉大学出版社, 2024.10. -- 云计算和大数据系列丛书.
ISBN 978-7-307-24583-9

Ⅰ. TP183; TP391.413

中国国家版本馆 CIP 数据核字第 2024BP8058 号

责任编辑:任仕元　　责任校对:杨　欢　　版式设计:马　佳

出版发行:**武汉大学出版社**　(430072　武昌　珞珈山)
(电子邮箱:cbs22@ whu.edu.cn 网址:www.wdp.com.cn)
印刷:武汉邮科印务有限公司
开本:787×1092　1/16　印张:10.5　字数:208 千字　插页:5
版次:2024 年 10 月第 1 版　2024 年 10 月第 1 次印刷
ISBN 978-7-307-24583-9　定价:49.00 元

前　言

在这个人工智能技术飞速发展的时代，我们见证了机器学习、深度学习以及计算机视觉等技术的突破性进展。这些技术不仅极大地推动了科技的进步，也在逐渐改变我们的生活和工作方式。特别是在人机交互领域，表情识别技术（Facial Expression Recognition，FER）正成为连接人类情感与机器理解的重要桥梁。人脸表情是人类情感和心理状态的直观反映，它在人际交流中扮演着至关重要的角色。准确识别和解析人脸表情，对于提升机器的智能水平、增强人机交互的自然性和效率具有重要意义。然而，由于人脸表情的复杂性以及情感表达的微妙性，自动化的表情识别一直是一个充满挑战的研究领域。本书正是在这样的背景下应运而生的，书中内容旨在介绍四元数神经网络如何提升人脸表情识别的精确度与效率，同时探讨其在不同实际应用场景中的潜力。

四元数，作为一种扩展的复数形式，允许我们在处理图像和视频数据时保留更多的颜色信息。通过四元数的表征方式，本书中提出的四元数神经网络模型不仅能更有效地利用彩色图像的丰富信息，而且在减少参数数量和降低计算资源消耗方面也显示出其独特的优势。这一新颖的方法论突破了传统模型在颜色信息处理中的局限，开辟了人脸表情识别技术的新天地。本书首先详细介绍了四元数的基本理论和其在计算机视觉中的应用背景。随后，深入探讨了四元数神经网络在人脸表情识别中的实施方法，包括网络结构的设计、关键技术的实现以及与传统神经网络的性能比较。书中还展示了多个基于四元数神经网络的实验结果，证实了其在多个公开数据集上的优越性能。此外，本书还讨论了四元数神经网络在实际应用中面临的潜在挑战和解决方案，特别是在动态环境下的应用，如课堂教学和投资交易场景。这些讨论不仅为研究人员提供了深入的技术细节，也为工业界的应用开发人员提供了实用的指导和建议。最后，本书通过一系列的案例研究，展示了四元数神经网络在不同领域，如教育和金融服务中的创新应用。这些案例不仅证明了四元数神经网络的广泛适用性，也预示了这一技术未来可能带来的深远影响。

通过本书，读者将全面了解四元数神经网络在人脸表情识别领域的最新进展，以及其在未来应用开发中的巨大潜力。我们相信，本书的出版将为表情识别技术的研究者和应用开发者提供宝贵的资源和深刻的洞见，推动该领域的科研与实践的发展。同时，我们也期待四元数神经网络技术未来能够在更多领域发挥重要作用，为人类社会的进步贡献力量。

目　　录

第1章 绪　　论

1.1 研究背景与意义

机器是否能够理解并且表达出类似于人类的情感，是评价其是否具有智能的一个重要指标。如果想让机器学会并理解人类的情感，就必须先让机器具有认识和判别这些人类情感的能力。根据人类情感交流的经验，一个人的内心情绪主要是通过脸部肌肉的变化表现出来的。此外，还附带有说话的语气、腔调和手势，以及其他的生理特征等。在实际生活中，人通常通过脸部表情表达最简单、最直观、最有效的情感。受到这一客观事实的启发，令机器具有和人类"共情"的能力成为可能，于是，自动化的人脸表情识别(Facial Expression Recognition，FER)也逐渐成为人工智能领域一个热门的研究方向。近年来，无论是学术界还是工业界，研究者们都在为提高机器对人脸表情识别的能力而努力。本书也将针对人脸表情识别这一任务的解决方法展开深入的探索与研究。

对人脸表情识别这一任务的研究无论是在科学探索中还是在商业应用上都有着十分重要的意义。从科学探索的层面来讲，人脸表情识别任务覆盖了多个交叉的学科，这些学科包括临床心理学、精神病学、教育学、认知科学、计算机视觉、机器学习以及人工智能等诸多学术领域。深入地进行人脸表情识别研究可以促进多个学科协同发展，该领域的研究成果既能增加对人类内心情感机制与外部表现的了解，又能给其他相近的模式识别任务带来新的启发。因此，许多研究者都认为，即使是在多个完全不同的学术领域，对人脸表情识别进行研究与探索都具有十分重要的意义。此外，从商业应用这个层面来说，人脸表情识别也具有广泛的应用场景和难以估量的市场需求。例如，Apple 公司就在 2016 年收购了一家专门致力于人脸面部表情研究的初创公司 Emotient，其目的是识别、分析用户的人脸表情，得到情绪的反馈结果。通过该技术，广告商和市场销售人员可精准地判断用户对其所投放广告的态度以及对产品本身的情绪反应。微软伦敦剑桥研究院也已经向全世界开放了他们所研发的表情识别(Emotion Recognition)应用，这款产品作为一个高精度的人脸表情识别工具，可以被任意地嵌入各个软件开发商自己的商业软件中。亚马逊公司也推出了一款名叫 Rekognition 的面部识别系统，该系统内部包含了一整套具备人脸检测、识别和情绪判断功能的软件，其目的也是在商业行为中获取顾客的表情数据。除此之外，国内的互联网公司也在表情识别的任务中进行了大量的商业尝试。例如，腾讯云 AI 就在 2019 年推出了具有表情识别功能的软件系统，用于帮助解决基于人脸识别的考勤、门禁闸机、楼宇访客等问题。海康威视公司也在 2020 年推出了一款可以同时对 400 万人进行人脸识别和表情判断的摄像机，该产品已经被广泛应用于智能安防和监控等领域。阿里巴巴公司在 2021 年通过阿里云视觉智能开放平台提供了人脸表情识别的软件服务，其目的也是帮助其他商业公司更好地了解用户的情感信息。

在其他新颖的应用方向上，人脸表情识别任务也在不同程度地发挥着积极的作用。具体可以分为：

（1）医疗用途：在病人治疗、看护或者恢复阶段，通过自动的人脸表情识别系统能够全天候地监控病人的心理状态，使得对病人的治疗更加全面和妥善。另外，对抑郁症患者或者是新生儿采用实时人脸表情监测，在医疗护理上也具有重要意义。

（2）教育场景：在课堂上，如果对老师或是全体学生采用人脸表情监控，通过对他们表情的分析，判断他们是否存在注意力转移、发呆或者是无聊困惑等情绪，从而可以帮助教育管理者对教学方案作出适当调整，让课堂变得更加生动和高效。

（3）机动车驾驶：在车辆行驶中，对驾驶员进行人脸表情的识别，可以判断驾驶员的情绪状态。如果驾驶员存在不恰当的愤怒或悲伤等情绪，就应提醒他们停止驾驶或者切换到自动辅助驾驶等选项，使得道路交通变得更加安全。

（4）人机交互：在游戏领域或者机器人领域，人与机器能否亲密互动已经成为一个紧迫的问题。人脸表情的识别能够帮助游戏开发者为玩家的情绪制定合适的游戏策略，并以玩家表情的变化主动改变游戏氛围。进一步来说，如果机器人能逐渐理解人类的情感，并根据人类表情做出对应的行为举止，那么现阶段的弱人工智能就能逐渐迈向未来的强人工智能。研究新的人脸表情识别方法，对临床心理学、精神病学、教育学、认知科学、计算机视觉、机器学习、人工智能等学术科研方向都具有重要的理论意义和实际的商业应用价值。

人脸的表情识别任务具体是指，在自然的外部条件下，通过摄像机或者其他电子设备获取到人类脸部肌肉由内心情绪所引起的变化，并把静态的人脸表情图像或者一系列人脸表情图像序列输送到计算机中，利用专门为人脸表情识别而设计的算法将这些数据进行分类，得到的分类结果即为被采样者的具体表情。关于人脸表情识别的学术研究，最早的文献可以追溯到 19 世纪 70 年代 Charles Darwin 在其《进化论》中关于人和动物表情具有相似性的表述。到了 20 世纪 70 年代，Paul Ekman 等在他们的研究中定义了人类共有的基础表情为愤怒(anger)、高兴(happiness)、害怕(fear)、厌恶(disgust)、难过(sadness)、惊讶(surprise)和中性表情(neutral)这七类基本情绪，如图1.1中的七类表情示例所示。此后，无数的心理学家，还有社会领域的研究者、计算机领域的专家以及生物学家都在从多个方位对人脸表情识别任务进行跨领域的探索。近年来，由于深度学习、人工智能等计算机应用技术高速发展，GPU、TPU和其他高性能图像处理器被相继投入应用，利用快速迭代算法来进行人脸表情识别任务变得越来越准确和高效。此外，受到我国国务院《新一代人工智能发展规划》的激励，以及为了贴合人脸表情识别任务在商业应用上的需求，各领域的研究者们也在不断地提出新的理论与方法来参与到这个十分具有潜力的研究任务中。目前，在计算机应用技术学科的研究范围，基于深度神经网络的人脸表情识别方法正在被研究者们改进和优化。

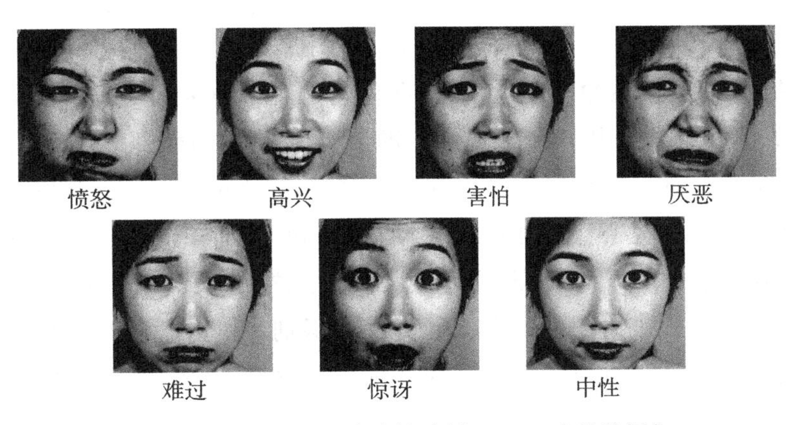

图1.1 人脸的七类基本表情示例(JAFFE表情数据集)

相关研究已经通过一系列实验充分证明了人脸的颜色会受到情绪状态的影响而发生改变，而人脸表情的识别通常又与人脸所呈现出来的颜色密切相关，它们之间存在着一种相互关联但却不成比例的对应关系。心理学的研究也证实了灵长类动物的三色视觉特别适合从脸部肤色来判断健康和情绪状态。脑科学的研究也发现，视觉上颜色对大脑皮层的刺激可以影响其他脑区对人脸表情的判断。各类不同学科的研究证据都表明，图像中的颜色和最终识别的表情存在着非常强的关联性。在彩色人脸表情图像中，颜色(色调)信息主要是通过通道之间的相关性来体现的。例如，不同的颜色对应着图像中RGB三个通道的不同比例。但是，当前绝大部分的FER方法都是基于卷积神经网络(Convolutional Neural Network，CNN)，它通常在输入时会把彩色图像直接转变成灰度图像，或当输入为多通道数据(如RGB彩色图像)时，只在第一个隐藏层使用多通道卷积核将多通道数据合并为单通道的数据(灰度图像)。相比于彩色图像，转换后灰度图像只保留了特征中的强度值，而舍弃了特征中所包含的色调和亮度。虽然灰度化的数据也能表现部分与表情相关的特征（例如纹理和梯度等），但是它完全丢失了彩色图像中颜色通道间的相关性。在FER任务中，减少了颜色信息这一项重要的判别依据，必然会对其最终的识别效果产生负面影响。因此，为了能充分地利用图像中颜色通道的相关性，并发掘这些信息中与表情相关的线索，本书引入了四元数理论到深度神经网络中。四元数理论在彩色图像处理任务中已经被充分证实了其积极作用，利用四元数理论能从整体上处理彩色图像中颜色通道之间的耦合，而不是直接合并各个颜色通道为单通道而破坏其相关性。因此，本书在深度神经网络处理人脸表情识别问题研究的基础上，将四元数理论与不同的深度网络相结合，构造五种不同的四元数神经网络来完成不同场景的彩色人脸表情识别任务。

1.2　国内外研究的现状和存在的问题

人脸表情研究始于1872年，达尔文在他著名的*The Expression of the Emotions in Animals and Man*一文中提出了一个观点，即人类和动物的面部表情具有一定的相似性。此后，科学家们陆续在面部表情的研究上做了大量的探索。计算机科学家们对自动化人脸表情识别的研究开始于1971年，Ekman和Friesen研究了人脸的肌肉群运动对表情的控制作用，并提出了面部行为编码系统。之后，Suwa于1978年利用计算机系统开展了最初的人脸表情识别研究。随着模式识别、机器学习和图像处理等相关学科的共同发展，以及计算机对图像数据的处理能力逐渐变强，关于人脸表情识别的研究也进入了一个快速发展的时期。

1.2.1　传统的表情识别方法

传统的人脸表情识别方法大多是遵循图像预处理、提取特征和设计分类器这三个步骤。在图像预处理中，一般是检测图像中人脸的关键点，然后根据位置进行定位、裁剪和归一化尺寸等操作。人脸的关键点检测已发展成为一个独立的任务且被许多研究者所研究。早在1995年，Cootes就提出了Active Shape Model（ASM）算法来进行人脸的关键点检测，这是一种基于点分布模型的搜索算法，可通过数据的迭代训练搜索出最适合的人脸关键点，其特点就是模型简单直接、易于收敛。1998年，ASM算法被Cootes再次改进为Active Appearance Model（AAM）算法，该算法加入了纹理特征，巧妙地融合了形状模型（Shape Model）和纹理模型（Texture Model）来对人脸的关键点进行定位。到了2010年，Dollar提出级联姿势回归（Cascaded Pose Regression，CPR）模型来定位人脸中的关键点。该方法使用级联的回归器将初始值逐步细化，通过一个接一个相连的回归器执行图像操作，使得整个模型能从训练集中学习到准确的定位信息。到了2013年，香港中文大学的孙祎等首次应用CNN对人脸的关键点进行检测。该方法中，作者采用了三个层级的级联卷积神经网络，借助CNN的特征提取能力，更加精确地定位到人脸的关键点。之后，Face++在该CNN网络上继续进行改进，对68个人脸关键点(眼睛、鼻子、嘴巴、眉毛和轮廓)进行高精度定位，在当年300-W挑战赛上获得了非常好的成绩。Kaipeng Zhang等在2016年提出了多任务级联卷积神经网络(Multi-Task Cascaded Convolutional Neural Network，MTCNN)，该网络可以同时进行人脸检测和关键点的定位，并充分利用了两个任务的联系，使得模型对人脸关键点的检测效果更加可靠。2017年，Kowalski等也提出了一种级联形式的深度神经网络(Deep Alignment Network，DAN)，该网络的特点是加入了关键点热图，并有效地克服了头部姿态和初始化带来的问题，从而将人脸关键点检测的精度进一步提升。Bulat等也在同年提出了对于2D和3D人脸进行关键点检测的模型(2DFAN和3DFAN)，该方法对头部姿态变化的人脸图像有很强的鲁棒性。除此之外，近年来还有很多新出现的人脸关键点检测方法在不断地被应用到表情识别任务的预处理中。

人脸表情识别任务中特征提取的方法也十分丰富，根据它们不同的特点，大致可以分为两类：基于外观的特征提取和基于几何的特征提取。在基于外观的特征提取方法中，将输入的整个人脸图像作为需要被识别的情绪特征，并将这些高维特征映射到低维子空间中。比如，Liu和Wechsler在2002年提出了使用Gabor滤波器来提取人脸图像中的外观特征，再将这些特征输入到非线性判别器中进行分类。Liu在2004年提出使用具有Gabor内核的主成分分析方法来提取人脸中的特征。Zhao和Pietikainen在2007年提出在三个正交平面上使用Local Binary Pattern(LBP)描述子对动态的纹理特征进行提取，收集到对应的特征信息后再使用分类器进行人脸表情的预测。类似的工作还有：Moore和Bowden在2011年提出了使用LBP描述子对多个视角的人脸表情进行特征提取，以解决表情识别中头部姿态变化的问题；Rivera在2012年提出了Local Directional Number(LDN)描述子提取人脸的表情特征并进行识别，并在实验室控制条件下的数据集Oulu-CASIA上取得了98.10%的识别精度；2015年，Siddiqi使用逐步线性判别分析来提取人脸表情的特征，然后利用隐藏的条件随机场来对这些特征做出判别，等等。虽然，基于外观的特征提取方法在表情识别的研究中应用较多，但是这些特征提取器普遍对光照的变化、头部姿势的变化、随机的噪声和图像对比度剧烈的人脸图像不具有鲁棒性。

在基于几何的特征提取这类方法中，需要通过人脸关键点提取基于几何的人脸表情特征，如面部五官(嘴巴、眼睛和前额)的形状和位置信息。例如，Pantic和Patras在2006年提出利用人脸的运动单元(AU)和脸部切割分块进行动态的人脸表情识别，该方法就充分利用了人脸表情的几何特征。Sebe 等也在 2007 年使用人脸的运动单元进行编码(FACS)，并采用编码后的特征进行下一步的表情识别。Liu 等在 2019 年提出了基于心理机制的深度动作单元图网络，并用该网络进行面部表情识别，该方法利用心理学的先验知识对人脸的肌肉做了几何形状的切割，然后使用图神经网络对切割人脸的几何特征进行表情识别。

在人脸表情识别任务中，所使用的分类器大多是基于传统机器学习的分类器。例如，Kotsia 和 Pitas 就在他们 2006 年的研究中提出使用支持向量机对提取的表情特征进行分类。2007 年，Sohail 和 Bhattacharya 在他们的工作中使用 k-Nearest Neighbor Classifier(kNN)作为最终的分类器，对人脸表情特征进行分类。2016 年，Ali 等也应用了改进版本的 Naïve Bayes 算法，对跨地区跨文化的不同人脸表情进行细致的分类。虽然早期的传统人脸表情识别方法在较小规模的数据集上取得了不错效果，但是，在大数据时代下，面对海量的人脸表情数据，这些方法通常需要大量时间和计算成本来拟合最终的网络模型，并且最终的识别精度也难以得到提高。

1.2.2 基于深度学习的表情识别方法

当深度学习的方法在计算机视觉领域逐渐流行起来之后，许多研究陆续提出了基于深度网络模型的表情识别方法，特别是卷积神经网络(CNN)。因此，许多研究者都将 CNN 应用到 FER 任务中来提升识别的精度。近年来，常见的基于 CNN 的方法包括直接应用 CNN 模型的方法、将特征提取过程与 CNN 相结合的方法、将不同类型的网络与 CNN 相融合的方法、提出新的损失函数与 CNN 结合的方法、将人脸特征分解策略与 CNN 相结合的方法以及提出新的注意力机制与 CNN 相结合的方法等。

直接应用 CNN 到 FER 任务最早出现在 2012 年，Rifai 和 Bengio 首先提出利用 CNN 模型从人脸表情图像的像素中提取情感特征，再将这些情感特征在网络输出端直接输出为七类基本的目标表情。2013 年，Tang 等也使用 CNN 模型来提取人脸表情的特征，并使用支持向量机作为分类器来对表情特征进行分类。这种 CNN 与机器学习方法相结合的框架夺得了 FER2013 的冠军。随后，Kahou 等也提出了将 CNN 模型应用于视频序列的表情识别方法，该方法在众多传统方法中脱颖而出并夺得 Emotiw2013 的冠军。

随后，也有许多将特征提取过程与 CNN 相结合的工作出现。2015 年，Jung 等提出了 CNN 联调的方法，该方法包含两个 CNN 模型，第一个模型从人脸表情变化的图像序列中提取时间特征，另一个深度模型则从面部关键点中提取几何特征。这两个 CNN 模型通过集成训练的方法共同提高了对人脸表情数据识别的精度。Liu 等在同年提出了用 AU-inspired Deep Networks(AUDN)来捕捉人脸中的运动单元，该网络首先构建 CNN 模型来学习表情的微动作模式，然后结合相关微动作模式将特征分组来构成更大的接收区域，最后使用多层网络对这些抽象的特征进行分类，在实验室控制条件下的表情数据集 MMI 和户外条件数据集 SFEW 上，它分别取得了 75.85%和 30.14%的识别精度。2017 年，Li 等提出了深度融合卷积神经网络来对多模态的二维和三维人脸表情进行识别，该网络模型提出了特征提取子网络和特征融合子网络，并将这两个子网络相互连接来共同处理来自人脸表情图像的特征。Alphonse 等也在 2017 年提出了 Enhanced Gabor(E-Gabor)滤波器来提取图像中的表情特征，并使用了判别分析方法对提取到的特征进行分类，它在户外条件数据集 SFEW 上取得了 35.40%的识别精度。Kacem 等在同年也使用了一种新颖的时空几何表示方法来表示表情特征，该方法将人脸关键点的时间演化描述为定秩半定矩阵在黎曼流形上的参数化轨迹，这种表示方法除了以传统的仿射形状表示之外，还具有第二个理想量的优势(即空间协方差)，该方法在实验室控制条件下的表情数据集 Oulu-CASIA 和 MMI 上分别取得了 83.13%和 79.19%的识别精度。2018 年，Xie 和 Hu 一起提出了深度综合多补丁聚合卷积神经网络来完成人脸表情识别任务。该网络基于深度学习框架，由两个 CNN 分支组成，一个分支从图像中局部的区域获得部分显著特征，而另一个分支则从整张图像中获得完整的特征。在该模型中，局部特征描述了表情的细节，整体特征描述了表情的高级语义信息，整个网络融合了局部和整体的特征信息，共同对人脸表情的种类做出判断。

一些工作提出将不同类型的网络与 CNN 相融合的方法完成 FER 任务。2017 年，Zhang 等提出了层次双向递归神经网络和多信号卷积神经网络来共同识别面部表情。该方法使用了一种分层双向递归神经网络来分析人脸表情的时间序列信息，同时还使用了一种多信号卷积神经网络从静止图像中提取“空间特征”，在实验室控制条件下的 MMI 数据集和 Oulu-CASIA 数据集上，该组合模型分别取得了 81.18%和 86.25%的识别准确率。Acharya 等在 2018 年提出了将流形网络与传统的卷积神经网络结合起来，以端到端的学习方式在单个图像特征中进行空间池化，并在 SFEW 数据集上取得了 58.14%的识别准确度。Yu 等同年也提出 Spatio-Temporal Convolutional Features with Nested Long Short-Term Memory(STC-NLSTM)来完成表情识别任务，该网络主要利用时序特征和长短序列模型来提取表情特征，并在实验室控制条件下的表情数据集 Oulu-CASIA 和 MMI 上分别取得了 93.45%和 81.18%的识别精度。

此外，一些工作也提出了应用新的损失函数来训练 CNN。Yu 等在 2015 年提出了多重深度网络学习模型，该模型使用 log likelihood 损失函数和 hinge 损失函数来共同训练 CNN 模型，该模型参与了 Emotiw2015 挑战赛，并在户外条件的数据集 SFEW 上取得了 55.96%的识别率。Cai 等也在同年提出了一种新的名为 Island Loss 的损失函数来增强深度学习中对表情特征的鉴别能力，该损失函数的目的是减少同种表情的类间差异，同时扩大不同表情的类间区别，使用该损失函数的 CNN 网络在户外表情数据集 SFEW 上取得了 52.52%的识别精度。2018 年，李珊和邓伟洪提出了 Deep Locality-Preserving Convolutional Neural Network(DLP-CNN)来完成人脸表情识别任务，该模型主要是发展了一种新的局部性保全的损失函数，其目的是保持局部近邻性来增强网络对特征的甄别能力，同时最大化不同表情种类之间的差异，在户外条件下的数据集 RAF-DB 和数据集 SFEW 上，它分别取得了 74.20%和 51.05%的识别准确率。他们的团队在 2020 年又再次提出了一种新的深度情感条件适应网络(Emotion-Conditional Adaption Network，ECAN)来学习图像中具有判别性的特征，该网络通过探索目标数据集的底层标签信息，不仅可以寻找到数据的边缘分布，而且还可以找到跨种类的条件分布，在实验室控制条件下的表情数据集 Oulu-CASIA 和 MMI 上该网络分别取得了 63.97%和 69.89%的识别精度，在户外条件的数据集 SFEW 和 AffectNet 上该网络分别取得了 54.34%和 51.84%的识别精度。Jiang 等也在同年提出一种有固定权重的 Softmax 损失函数来处理不同表情类别中数据不平衡的问题，该方法首先提出了一种改进的最大损失函数 Advanced Softmax Loss(ASL)来减轻数据不平衡所引起的偏差，从而提高模型的准确性和可靠性，ASL 实质上是在角度空间上放大了不同表情类间的距离，从而增强了对不同表情的辨别能力，所提出的损失函数可以很容易地与深度网络模型相结合，并在户外条件下的表情数据集 RAF-DB 上取得了 84.69%的识别精度。Farzaneh 等在同年也提出了 Discriminant Distribution-Agnostic Loss(DDA Loss)函数，该方法在表情种类不平衡的场景下优化了嵌入空间的特征，强制分离了图像特征间的大多数表情类别和少数表情类别，并在户外条件数据集 AffectNet 上取得了 62.34%的识别精度。

随后，一些工作在 FER 任务中提出了将人脸特征分解策略与 CNN 相结合的方法。Yang 等在 2018 年提出了 De-Expression Residue Learning(DeRL)方法来分解并识别图像中人脸表情的信息，该方法在学习和训练的过程中分步捕捉人脸的表情特征，并在实验室控制条件下的表情数据集 Oulu-CASIA 和 MMI 上分别取得了 88.00%和 73.23%的识别精度。2020 年，Ruan 等提出了 Deep Disturbance-Disentangled Learning(DDL)来完成人脸表情识别任务，DDL 采用多任务学习以及迁移学习的方式同时解决多个干扰因素，该方法首先预训练扰动特征的提取模型进行多任务学习，对人脸数据库(包含各种干扰因素的标签信息)进行多干扰因素的分类，然后使用扰动解纠缠的模型对扰动解纠缠信息进行编码，并进行了表情识别，该方法在 SFEW 数据集上也取得了 59.86%的识别准确率。2021 年，Ruan 等也提出了一种新的特征分解与重构学习方法(Feature Decomposition and Reconstruction Learning，FDRL)来解决目标任务，该方法将表情信息视为不同表情之间的组合，通过分解网络和重构网络理解不同表情的潜在特征，在户外条件下的数据集 RAF-DB 和 SFEW 上，该方法分别取得了 89.47%和 62.16%的识别精度。

近年来，非常多有关注意力机制与 CNN 相结合的 FER 方法出现。Sun 等在 2018 年提出了一种基于视觉注意的人脸表情识别关键区域检测方法，该方法首先采用 10 个卷积层相互叠加的方法提取人脸局部表情特征，然后根据这些局部表情特征，使用注意力模型自动确定了与表情有关的区域，最后综合这些区域的局部特征用于推断表情种类，该模型在户外表情数据集 SFEW 上取得了 38.50%的识别精度。Zhang 等也在同年提出了 Cycle-Consistent Adversarial Attention Transfer Approach(CycleAT)在户外条件下同时对人脸表情图像进行合成和识别，该方法首先利用有标记的表情图像信息和无标记的表情图像信息自动生成带有特定标签的目标表情，然后利用分类器的空间判别注意力来提高分类器的性能，最后使用循环一致性和判别性损失函数对模型进行训练，该网络有效地保持了合成人脸图像中局部和全局属性的结构一致性，并在户外表情数据集 SFEW 上取得了 30.75%的识别精度。Li 等也在 2018 年针对被遮挡的人脸表情图像，提出了带有注意力机制的 CNN 网络，该网络能很好地处理人脸图像中的遮挡和头部姿势变化，它结合来自人脸表情相关区域的多种表示，并通过门单元对每种表示都进行加权，在户外条件的数据集 RAF-DB 和 AffectNet 上分别取得了 85.07%和 58.78%的识别精度。2020 年，Liu 等提出了 Siamese Action-units Attention Network(SAANet)来提升对于动态表情的识别率，该网络模型凭借不同表情之间存在的特定差异，引入了一个具有级联结构的度量学习框架，在目标任务中学习不同表情之间的细粒度区别，在 MMI 数据集和 Oulu-CASIA 数据集上该网络分别获得了 87.06%和 88.33%的识别准确率。2021 年，Zhao 等提出了一个全局多尺度和局部注意力网络(Multi-Scale and Local Attention Network，MA-Net)，该网络包含特征预提取器、多尺度模块和局部注意模块三部分，其中，特征预提取器被用来提取网络的中间特征，多尺度模块被用来融合不同邻域的特征，降低卷积对遮挡和姿态变化的易感性，最后局部注意模块再被用来引导网络聚焦于局部显著特征，缓解遮挡和非正面姿态问题的干扰，该模型在户外条件的数据集 SFEW、RAF-DB 和 AffectNet 上分别取得了 59.40%、88.40%和 64.53%的识别精度。他们的团队同年还提出了一种名为 EffecentFace 的表情识别网络，该网络拥有更少的参数，但对户外的人脸表情具有更强的鲁棒性，它包含了一个局部特征提取器和通道空间调制器来感知局部和全局的人脸特征，然后考虑到大多数表情是以基本表情的组合形式出现，于是引入了一种简单有效的标签分布学习方法作为新的训练策略来训练模型，该模型在户外条件的数据集 RAF-DB 和 AffectNet 上分别取得了 88.36%和 63.70%的识别精度。Wang 等在 2021 年提出了 Oriented Attention Enable Network(OAENet)，该网络模型能兼顾人脸局部和整体的特征，融合了与表情相关区域的感知和注意力机制，确保能充分地利用全局和局部的特性，然后还提出一种结合了面部关键点和相关系数的权重模块，增加了对局部区域的注意力，在RAF-DB数据集上该模型取得了86.50%的识别准确率。Ma等在2021年提出Visual Transformers with Feature Fusion(VTFF)模型，该模型首先提出了Attentional Selective Fusion(ASF)来利用整体和局部注意的判别信息，其次它还建立了视觉词汇与整体自注意力之间的关系模型，通过融合Transformer和注意力选择性融合机制，在两个户外环境下的人脸表情数据集RAF-DB以及AffectNet中，VTFF模型分别取得了87.87%和64.80%的识别精度。

1.2.3 现有方法存在的问题

尽管关于人脸表情识别的研究已经开展了很多年，但是该研究任务仍然在模型设计或者算法应用等方面存在许多的挑战。很多不确定性因素严重地影响着网络模型在该目标任务数据集上的实际表现，本章依据已有研究工作的经验和总结，列举了几种在人脸表情识别任务中比较典型且亟待解决的挑战性问题。

(1)在本书中，研究的最主要的问题是彩色人脸表情图像中通道之间的相关信息没有被充分利用。大多数基于CNN的FER模型会在输入时把彩色图像转变成灰度图像，或者在网络的第一个隐藏层就使用多通道卷积核将多通道数据(RGB数据)合并为单通道数据(灰度数据)。但是将彩色图像转成灰度图像只保留了表情特征的强度值，而舍弃了表情特征中的色调和亮度信息。丢失了颜色信息这一项重要的判别依据，可能会对FER最终的识别效果产生负面的影响。如何使模型能合理充分利用彩色图像通道间的相关信息是表情识别任务中一个亟待解决的问题。

(2)卷积神经网络等方法对表情识别任务存在局限性。当前大多数人脸表情识别的模型都是基于深度学习下的卷积神经网络CNN，但是CNN的卷积操作并没有充分考虑到图像特征之间的位姿信息和空间关系。CNN中的基本操作单元(例如卷积操作和池化操作)会忽视某些表情特征在图像中的空间位置信息。比如，CNN往往会把一个伪造的五官错位图像误认为是人脸。使用CNN的基本单元所构造的网络模型会明显丢失对人脸五官特征位置的识别能力。因此，为了解决图像特征之间的位姿和空间信息的提取问题，需要设计出一种在基础单元就能提取这些信息的网络模型。

(3)人脸的具体表情实际上是由若干特定的脸部肌肉(例如脸颊肌肉、嘴角肌肉、眼角肌肉和控制眉毛的肌肉)所控制的，但是，并非所有的人脸区域都对脸部表情做出了同等贡献。在过往的研究中，由于传统卷积层结构的限制，CNN模型在对图像做卷积时，无法对局部区域进行自适应几何变形，也难以合理地分配不同权重到与表情相关的部分。因此，在人脸表情识别的任务中，设计的网络模型要能自动地适应脸部肌肉的不同扭曲、不同姿态、不同观察角度和不同形变，这对表情识别任务的最终效果十分重要。

(4)一些表情数据中干扰性的因素会影响最终的识别效果。在实验室环境中，收集到的人脸表情数据通常都是头部姿势固定、背景光照明亮均匀，被采集者通常以正脸对着摄像镜头摆拍出指定的表情。但是，在户外场景下，收集到的人脸表情数据通常具有不同的分辨率、光照、遮挡、头部姿势或者拍摄背景等。这些户外数据中的干扰性因素都会降低表情识别的精度，已有的研究也没有较好的方法解决该问题。在这些干扰性因素中，对识别结果影响最大的是头部姿势，几乎所有的户外表情图像中都存在或多或少的头部姿势变化。如果图像中的人物只是有轻微的头部姿态变化，设计一个鲁棒的模型或许能够直接提取图像中人脸的情绪特征。但如果图像中的人物头部姿态的偏转十分剧烈，那么人脸就会存在自遮挡的现象。人脸的自遮挡是指在图像中只能看到人物的部分表情，剩余的部分表情由于头部姿态的偏转被自身挡住了。目前，针对这种面部表情信息的缺失，需要一种有效的补偿策略来消除它的不利影响。

(5)传统的表情识别研究只需要识别单个特定的人物，但一般场景下的图像通常都包含多个清晰度不同的人脸，这对模型中不同细粒度特征的提取是全新的挑战。现有基于CNN等深度网络的表情识别模型在基本单元上难以从不同清晰度的人脸图像中捕捉到完整全面的表情特征，所以直接应用已有的网络结构到所有场景必然无法保证表情识别的准确性。因此，为了能解决准确识别不同清晰度人脸表情的关键问题，需要建立和设计一个新的神经网络架构。该问题的解决不仅与一般场景中人物表情的识别密切相关，同时也是图像感知领域的共同挑战。

1.3 表情识别数据集及评估方法

利用计算机执行自动化的人脸表情识别任务，其基本条件就是需要大量人脸表情数据来进行训练学习。训练完成后，为了评价人脸表情识别系统的性能，依然需要特定的表情数据进行测试和验证。因此，许多国内外的高校和研究团队公开分享了他们在研究中收集的人脸表情数据集，它们被用于训练和测试，并成为其他研究者实施进一步探索的关键。早期的人脸表情数据因为受图像采集设备的限制，大多是失去了颜色信息的灰度图像。例如，20世纪末，日本九州大学和ATR人类信息处理研究室公开了Japanese Female Facial Expression(JAFFE)这个数据集，它含有来自10名日本女性采集者的灰度人脸表情图像(总共7种表情，每种表情约3或4幅灰度图像，共213张)。2000年，美国的卡耐基梅隆大学也公开了Cohn-Kanade人脸表情的数据集，该数据集采集了大约210个年龄为18~30岁的受试者(69%的女性和31%的男性)的表情序列，该数据集包含了约2000张人脸表情灰度图像。2013年，ICML2013挑战赛开放了FER2013这个数据集，该数据集由Google的图像搜索功能完成，共收集了35887张人脸表情灰度图像，其中包含28709张训练数据、3589张验证数据和3589张测试数据。这些早期的人脸表情数据集都来自原始的摄像设备，它们只捕捉到了图像的灰度信息而没有收集到图像的彩色信息。但是，人脸表情图像中的彩色信息对于人脸最终表情的判断十分重要。因为不同的个体可能存在不同的肤色，或者不同的情绪也会使脸部呈现的颜色不同，比如，有人会在大笑时露出洁白的牙齿，在惊讶时展示深黑的眼球。此外，不同环境带来的光照变化也会影响识别的结果。因此，近几年来被公开的人脸表情数据集都是包含了彩色信息的图像，这些数据最大程度地丰富了人脸原本的情绪信息，也使得训练的模型更符合现实世界的需求。

现有被广泛认可的彩色人脸表情数据集也可以分为两类。一种是在实验室控制条件下收集到的人脸表情数据。该类表情数据通常都是人的头部姿势固定、背景光照明亮且均匀、被采集者以正脸对着摄像机的镜头摆出来的指定的表情。另一种则是在户外场景条件下收集到的人脸表情数据。这一类表情数据通常是在不同的拍摄背景、分辨率、光照、遮挡或者人的头部姿势变化等外在因素的影响下采集的。虽然这类表情数据更加贴近真实世界，但是这些不确定性的外在因素也会给识别结果带来不利影响。本书的研究内容同时在实验室控制表情数据集和户外表情数据集下展开。表1.1中详细列举了书中被应用于训练和测试的六个表情数据集，并介绍了它们的详细情况。

表1.1　**本书中被应用于训练和测试的表情识别数据集**

数据集名称	产生年代	数据集规模	采集环境
MMI	2010	213幅彩色表情图像序列	实验室控制表情数据集
Oulu-CASIA	2011	480幅彩色表情图像序列	实验室控制表情数据集
SFEW	2011	1394张训练和验证图像	户外条件下表情数据集
RAF-DB	2017	15339张基本表情图像	户外条件下表情数据集
AffectNet	2017	450000张手工标记的图像	户外条件下表情数据集
ExpW	2018	91793张手工标记的图像	户外条件下表情数据集

1. MMI 人脸表情数据集

英国帝国理工学院的人机交互实验室在 2005 年公开了 MMI 人脸表情数据集，这是一个在实验室采集的数据集，其采集对象是 31 个不同性别的人物，获得了 213 个包含基本表情状态的彩色图像序列，如图 1.2 所示。MMI 数据集的图像序列都是以人脸的中性表情开始，在中间部分达到特定的表情后再回归到中性表情。按照其他大多数研究者的经验，在这些图像序列的中间位置挑选三张图像作为目标表情，再选取序列的第一张作为中性表情，重新构成人脸表情的静态图片集合。

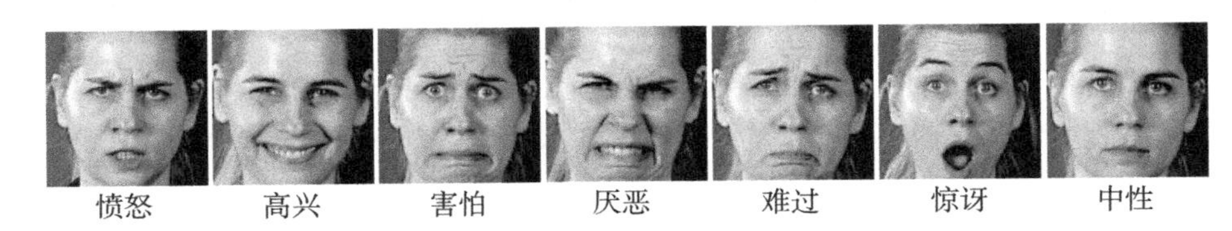

图 1.2 MMI 数据集的七类基本表情示意图

2. Oulu-CASIA 人脸表情数据集

奥卢大学机器视觉研究团队 2008 年在实验室限制条件下采集了 50 个芬兰人的表情，再加上中国科学院的团队 2009 年也在实验室中采集了 30 名北京志愿者的表情，共同组成了 Oulu-CASIA 人脸表情数据集，如图 1.3 所示。该数据集包含 73.8%的男性和 26.2%的女性，被采集者的年龄为 23~58 岁。值得注意的是，该人脸表情数据集收集的图像序列是从中性表情到指定表情。按照其他研究者的处理经验，挑选图像序列里最后三张人脸图像作为目标表情，再选取序列的第一张作为中性表情，构成人脸表情的静态图片集合。

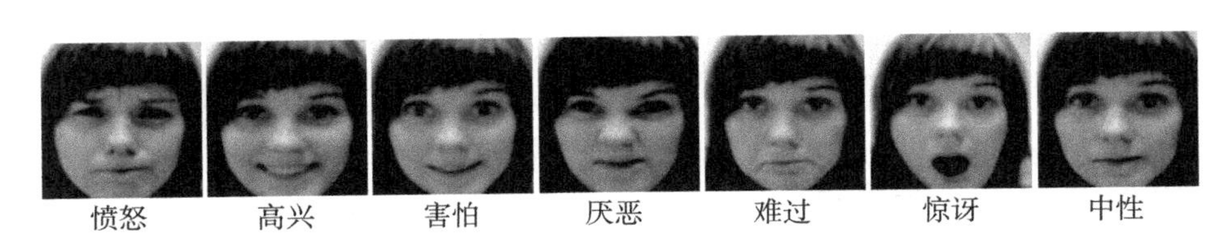

图 1.3 Oulu-CASIA 数据集的七类基本表情示意图

3. SFEW 野外静态人脸表情数据集

SFEW 野外静态人脸表情数据集由不同电影中的人脸表情静态图像组成，这些人脸表情的静态图像包含不同的头部姿势、遮挡和光照变化等信息，如图1.4所示。因此，设计的模型在该户外表情数据集上难以得到精确的分类效果。SFEW 2.0数据集已经被官方划分为训练集、验证集和测试集三个组成部分。其中，它的训练集包含958幅表情图像，验证集包含436幅人脸表情图像，测试集未被官方公开，所以许多研究中未使用测试集数据。

图1.4 SFEW数据集的七类基本表情示意图

4. RAF-DB人脸表情数据集

北京邮电大学邓伟洪老师在2017年公开了RAF-DB人脸表情数据集。它里面的表情图片大多是从互联网上得来的，而且基本上为自然场景下的户外环境，包含着不同的背景、光照、肤色和头部姿势，如图1.5所示。由315名学生和教职员工对这个数据集中的图片进行手工标注，覆盖了十二种复合表情和七种基本表情，其中七种基本表情图片是本书关注的重点。这七类基本表情类别包含15339张人脸表情图像，选取12771张作为训练集，3068张作为测试集。

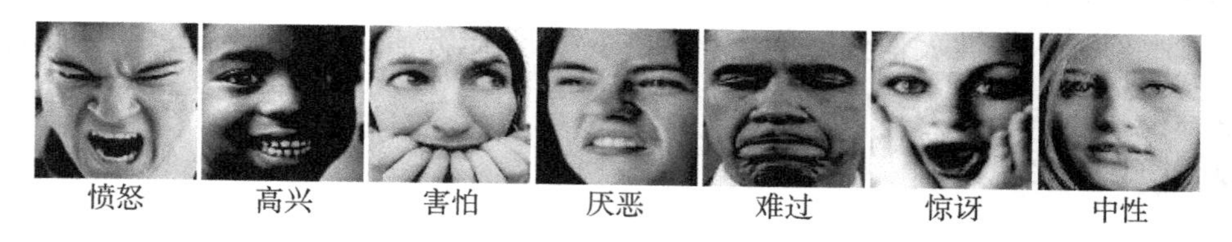

图1.5 RAF-DB数据集的七类基本表情示意图

5. AffectNet人脸表情数据集

AffectNet人脸表情数据集是目前为止最大的表情数据集之一，包含了数量超过一百万张来自互联网的表情图像，如图1.6所示。它也是基于真实世界场景下的人脸表情，其中有大约450000张图像被收集者手工标记，包括了七种基本表情和蔑视表情。根据其他研究者的经验，本书从七种基本表情中随机抽取了28000张作为训练集（每种表情4000张）和3500张作为测试集（每种表情500张）来评估所设计的模型。

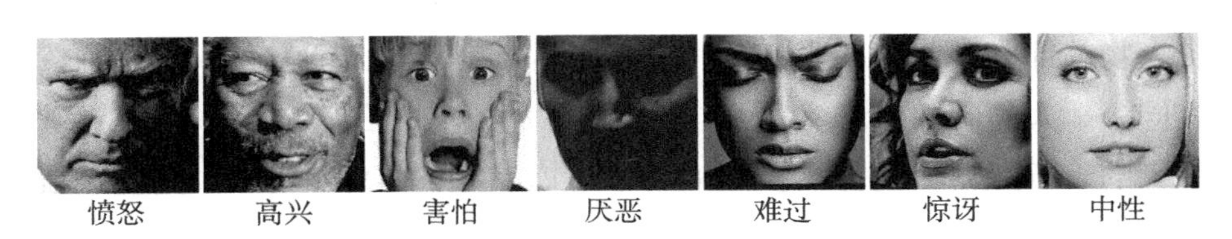

图 1.6 AffectNet 数据集的七类基本表情示意图

6. ExpW 人脸表情数据集

ExpW(Expression in-the-Wild)数据集是谷歌公司收集的一个表情识别数据集，它包含来自真实世界环境中的人脸表情，如图 1.7 所示。这个数据集的目的是研究和开发能够在自然、非控制环境中准确识别人脸表情的算法，该数据集包含超过 90000 张人脸图像，每张图像都有相应的七种人脸表情标注。按照发布者的设定，其中 68845 张图像用于训练，9179 张图像用于验证，13769 张图像用于测试和评估。

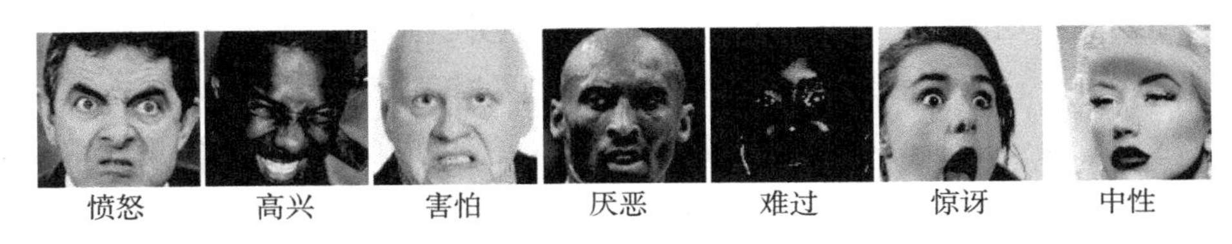

图 1.7 ExpW 数据集的七类基本表情示意图

此外，为了客观地评估不同网络模型的可靠性，一些被研究者们广泛使用的评估方法将在下面逐个说明。首先，对于已经被官方预先划分了训练集与测试集的人脸表情数据集，使用训练集对模型进行训练，然后再将测试集输入模型得到预测结果，预测结果与实际标签一致的比例即为最终的表情识别准确率。在本书中，SFEW、RAF-DB、AffectNet 和 ExpW 已分别被官方预先划分了训练集与测试集。第二类就是未划分训练集和测试集的人脸表情数据集，如 MMI 和 Oulu-CASIA 数据集。

在评估过程中，为了能充分利用每张人脸表情图片，研究者们通常会使用 K 折交叉验证的策略。K 折交叉验证策略是指将数据集中的所有人脸表情数据均匀分成 K 组，其中 K-1 组数据作为训练数据，而余下的一组数据作为测试数据，如此轮流循环 K 次，最终人脸表情识别的精度取 K 次实验结果的平均值。通常 K 值取 5、8、10 等整数。在 K 折交叉验证时，也存在两种策略：人物独立交叉验证方案和人物不独立交叉验证方案。独立交叉验证，是指在人脸表情数据集中，部分人物在不同表情类别里重复出现，这时会按照人物身份将其所有的表情独立划分到训练集或者测试集中，以保证训练集和测试集中没有相同人物干扰评估结果。不独立交叉验证，是指从数据集中取一个人物的部分表情放入训练集，其余的部分表情放入测试集，于是训练集和测试集存在同一个人的同种表情。为了与其他算法进行公平的比较，本书采用其他研究者广泛采用的十折人物独立交叉验证策略来处理 MMI 和 Oulu-CASIA 人脸表情识别数据集。

在评估人脸表情识别模型时，最重要的指标是表情的识别准确率。识别准确率指的就是测试集中所有预测正确的结果占测试集总样本数的比例，该结果能最大程度地反映所设计模型对表情的识别效果。

但是，仅根据表情的识别率无法有效反映模型对单独表情的识别能力，因此需要一些其他的结果作为参考。其中，使用混淆矩阵(Confusion Matrix)就能很好地反映被评估模型对每个单独表情的识别能力。混淆矩阵是被广泛接受的用来展现单独表情识别准确率的一种形式。它通常使用 N 行 N 列的矩阵来展现，被预测的表情种类与实际的表情种类分别被展示在矩阵行列的头部，每个表情判断准确的概率被显示在矩阵的对角线上，其余位置上的数值则表示该表情被误判为其他表情的概率。在评估模型时，混淆矩阵不仅能展现该模型对每一种表情的识别能力，还能得到该表情被误判为其他某个表情的比例，这能有效地帮助研究者评估模型的识别性能。

除此之外，在一些研究中，为了更加直观地展现对人脸表情数据集的分类效果，研究者们采用了 t-distribued Stochastic Neighbor Embedding(t-SNE)效果图来完成对表情数据的维度降低和可视化。t-SNE 的基本工作原理是利用非线性降维算法将模型中的高维特征数据映射到适合人眼观察的二维或三维空间，并且最大限度地还原了图像中高维数据的距离关系。使用 t-SNE 对人脸表情识别的结果进行可视化，可以帮助研究者更直观地了解模型的有效性，进而更好地调整模型的结构。

另外，研究者们通常也会评估人脸表情识别模型的参数总量和浮点运算数(Floating-Point Operations Per Second，FLOPs)，这两个指标代表着模型对硬件计算能力和内存的要求。一般具有较少参数总量和浮点运算数的人脸表情识别模型更容易被应用于实际设备中。

最后，模型损失函数的下降曲线和人脸表情的注意力图也经常被用作评价模型的参考因素。模型损失函数的下降越快且最终损失值越低，就代表着模型的收敛能力越强，对数据的拟合能力越好。人脸表情的注意力图是以二维图像中颜色的深浅来表示网络模型权重的一种可视化技术，颜色深浅的变化能给人眼明显的视觉信息，清晰地表示出图像中重要和不重要的区域。在本书后面章节所描述的实验部分，以上被介绍的评估方法都将会被用来评估所设计的人脸表情识别模型。

1.4 本书研究内容和组织结构

1.4.1 本书主要研究内容

本书重点研究的是基于四元数网络的彩色 FER 方法。通过相关的研究工作，证实了颜色与表情之间存在密切的关联。在彩色图像之中，最能代表颜色的就是其通道之间的相关信息。但是，使用彩色图像通道相关信息也有两面性，合理使用图像中颜色通道的相关信息能有效提升识别精度，不合理使用则可能会起到相反的实验效果。例如，过强光照可能带来人脸的颜色过于鲜艳，影响最终表情识别的精度。因此，为了合理有效地利用颜色通道之间的相关性，本书引入了在彩色图像处理中被广泛应用的四元数理论。通过将彩色图像中三个颜色通道的信息投影到四元数域，并应用四元数代数的运算法则，这些颜色通道之间的相关信息能在高维度的四元数域中被更加恰当地处理和合理地利用。四元数理论在研究中已经被证实能有效地处理颜色通道之间的耦合。当然，仅仅靠四元数理论也无法解决所有影响 FER 精度的问题，因此本书结合了四元数理论与不同的深度神经网络，集合不同网络的技术优势来解决当前目标任务中存在的主要问题。当前 FER 任务中存在五个亟须解决的问题，包括彩色图像中通道间的相关信息没有被充分利用、卷积神经网络等方法对表情识别任务存在局限性、对人脸不同区域权重分配不合理、一些干扰性的因素会影响最终的识别效果以及对不同清晰度人脸中各类细粒度特征的提取等，本书提出了专门的应对策略和对应的四元数网络模型，来分别提高不同场景下 FER 任务的精度。第一，提出了四元数 Gabor 卷积神经网络模型，它将多方向四元数 Gabor 注意力机制引入四元数 CNN 中，充分地利用彩色图像通道之间的相关信息和重新分配的注意力权重进行人脸表情的判断。第二，在四元数卷积神经网络的基础上，加入可变形层和使用四元数 Gabor 初始化方法，提出了可变形四元数 Gabor 卷积网络来提高模型收敛的速度和识别的精度。第三，提出了具有区域注意力机制的四元数胶囊网络应用于室内和户外条件下的表情识别任务，该模型相比于卷积神经网络，能更充分地提取图像特征的位姿信息和空间关系。第四，设计了一种包含四元数可变形局部二值模式描述子(Quaternion Deformable Local Binary Pattern，QDLBP)、姿态校正与面部分解策略和四元数浅层网络的模型来对户外条件下的人脸表情进行分类。该模型对输入的表情数据实施了有效的预处理操作，从而提高了识别的精度。第五，提出了一种能综合捕捉局部特征和全局像素关系的四元数

Transformer 架构。该网络结构集合了 CNN 对局部特征分析的优势和 Transformer 对全局像素的建模能力，充分提取和融合各类细粒度的表情特征，提高模型的识别能力。五种不同的四元数网络根据 FER 任务中存在的不同问题，有针对性地优化其结构，它们在理论上的共同点都是通过将四元数融合到不同的模型中来寻找图像里最具判别性的表情特征，进而提升识别的精度。最后，通过充分的实验验证了这五种四元数神经网络在不同场景 FER 任务上的有效性。

1.4.2 本书组织结构

本书总共分七章。

第1章，绪论。首先介绍本书的选题来源与背景，并详细说明人脸表情识别研究任务的研究意义；然后就近年来国内外在表情识别领域的研究现状和存在的问题展开说明；接着介绍了国内外的高校和研究团队分享的多个表情识别数据集，以及相关的各种评估方法；最后，提出了本书的研究内容和组织结构。

第2章，基于四元数 Gabor 卷积神经网络的人脸表情识别。介绍了将多方向的四元数 Gabor 滤波器作为注意力机制引入四元数卷积网络中，构成四元数 Gabor 卷积神经网络来完成 FER 任务，并详细地展示了其实验的效果。

第3章，基于可变形四元数 Gabor 卷积神经网络的人脸表情识别。介绍了在四元数卷积神经网络的基础上，引入可变形层和四元数 Gabor 特征初始化方法，组成了可变形四元数 Gabor 卷积神经网络应用于 FER 任务。实验结果展示该模型不仅增加了对不同表情的泛化能力，还加快了模型收敛的速度。

第4章，基于四元数胶囊网络的人脸表情识别。介绍了一种将四元数理论与胶囊网络相结合构成的四元数胶囊网络，并在该网络中引入区域注意力机制来完成 FER 任务。实验结果充分地展示了四元数胶囊网络的有效性。

第5章，基于四元数可变形 LBP 模型的人脸表情识别。介绍了一种包含姿态校正与面部分解策略、四元数可变形局部二值模式(QDLBP)和四元数浅层网络的模型。实验结果展示了该模型在户外环境数据集上的表现，同时显示了在不同光照和头部姿势下的人脸表情图像数据集上最终提升的识别精度。

第6章，基于四元数域 Transformer 模型的人脸表情识别。介绍了一种能全面分析不同清晰度人脸中全局信息和局部特征的四元数 Transformer 网络模型，该模型应用四元数自注意力层来处理低细粒度的全局特性和四元数卷积层来提取高细粒度的局部细节，并且通过特征协同融合将各类细粒度特征加权合并。在多个人脸表情数据集上的实验结果充分展示了该模型的有效性。

第 7 章，表情识别技术的实际应用。介绍表情识别技术在课堂教学和投资交易两个场景中的具体应用。

第 8 章，总结与展望。先介绍了本书的主要研究成果和创新点，接着对后续表情识别技术的进一步探索和研究思路进行了展望。

第2章　基于四元数 Gabor 卷积神经网络的人脸表情识别*

本章针对彩色人脸表情识别任务，提出了将多方向的四元数 Gabor 滤波器(Multidirectional Quaternion Gabor Filters，MQGF)作为注意力机制引入四元数 CNN 中，构成四元数 Gabor 卷积神经网络来完成目标任务。相比其他注意力机制的方法，使用 MQGF 作为注意力机制能有效地赋予人脸表情相关区域更合理的权重。此外，使用四元数基本组件组成的四元数卷积神经网络也能充分地提取图像中具有颜色通道信息的表情特征。最后在三个广泛使用的人脸表情数据集上，对四元数 Gabor 卷积神经网络模型进行了实验评估和讨论分析。

2.1　通道相关性和权重分配问题的解决方法

在现有的基于 CNN 的人脸表情识别模型中，大部分模型都会在输入时把彩色人脸表情图像转变成灰度图像，或者是当输入多通道数据(如 RGB 彩色图像)时，这些 CNN 模型会选择以多通道数据的灰度版本作为输入，或在网络的第一个隐藏层应用多通道卷积核合并多通道的数据为单通道的数据(灰度数据)。但是，这种对于图像中颜色通道之间信息的处理策略没有充分地考虑图像中通道的相关性，或只在模型的第一个隐藏层中学习了颜色通道之间的相关信息。这样的处理方式实际上很容易忽略掉图像中颜色通道之间的重要线索，而这些线索与最终表情识别的准确率密切相关。例如，不同的个体可能存在不同的肤色，或者不同的情绪也会使脸部呈现的颜色不同，有人会在大笑时露出洁白的牙齿，在惊讶时展示深黑的眼球。这些显著的颜色特征在灰度图像中是无法体现出来的。许多相关研究与实际经验也都证实了彩色图像中颜色通道的相关性对 FER 的重要作用。因此，在彩色图像处理的相关任务中，为了充分地利用图像中颜色通道之间的相关性，许多工作都使用了四元数理论。四元数是一种含有一个实数和三个虚数分量的超复数，它非常适合表示三维或四维的特征向量。因此，本

---

* 本章的主要内容发表在 IEEE Transactions on Cognitive and Developmental Systems，2021，13(4)：969-983。

书在使用CNN模型来完成表情识别的基础上，将四元数理论与卷积神经网络相结合，提出的四元数网络模型能在整体上处理彩色图像，而不是分离图像作为单独的颜色空间组件。

此外，人脸的具体表情实际上是由若干特定的脸部肌肉(例如脸颊肌肉、嘴角肌肉、眼角肌肉和控制眉毛的肌肉)所控制的，并非所有的人脸区域都对表情做出了同等贡献。由于传统CNN网络对图像中所有区域都一视同仁，没有能够充分地重视人脸中那些与表情高度相关的区域，尤其是CNN模型在对图像做卷积时，难以合理地分配不同权重到与表情相关的各个部分。因此，近来一些研究工作将注意力机制[86]引入网络模型来提高对表情识别任务的精度。注意力机制受人脑视觉注意力皮层的启发，强调与任务相关的环境刺激，同时抑制与任务无关的环境信息。在CNN网络模型中，注意力模块通常以主干分支或者掩膜分支的形式引入模型中。通过该模块，模型可以对不同的图像区域赋予不同的权重，这对捕捉表情信息和提高识别精度来说十分重要。

因此，本章提出了引入MQGF作为注意力机制的四元数Gabor卷积神经网络(Quaternion CNN integrated with an Gabor Attention，QGA-CNN)来处理彩色人脸表情识别任务。在所提出的QGA-CNN中，以四元数基本单元为组件构成了四元数CNN，并且首次提出了将MQGF作为注意力机制引入四元数CNN。整体上来讲，QGA-CNN的优势在于使用四元数卷积层能将彩色信息捆绑成一个整体而不是各自分离的通道，这样的处理策略可以保证颜色通道之间的相互关联性。其中，相比于其他模型中常用的空间注意力机制或者通道注意力机制，提出的MQGF注意力机制能更有效地关注到图像中与人脸表情相关的纹理，并合理地分配权重。此外，与拥有一致模型结构的实值CNN相比，所提出的QGA-CNN在不降低性能的前提下，还能有效减少模型75%的参数量。本章在实验室控制条件下的数据集Oulu-CASIA和MMI，以及户外条件下的数据集SFEW上评估了QGA-CNN模型，并使用可视化的方式(热力图和混淆矩阵)展示了QGA-CNN在三个数据集上与其对比模型的实验结果。最后，将QGA-CNN在三个数据集上识别的准确率与其他方法的结果进行了比较，以验证QGA-CNN模型是否具备具有竞争力的表现性能。

2.2 四元数的基础理论

四元数(Quaternion)是一种特殊的超复数，它最早是由英国数学家William Rowan Hamilton爵士于1843年提出的。与常规复数不同的是，它由一个实部和三个虚部共同组成，在数学上，一个四元数q通常会以代数的形式定义为

$$\{q = a + bi + cj + dk,\ a,\ b,\ c,\ d \in \mathrm{R}\} \tag{2.1}$$

式中，a，b，c 和 d 为实数，R 代表的是实数域；i，j，k 是三个互相正交的基本虚数单元，并且它们满足以下运算规则：

$$\begin{cases} i^2 = j^2 = k^2 = ijk = -1 \\ ij = -ji = k \\ jk = -kj = i \\ ki = -ik = j \end{cases} \tag{2.2}$$

当 $a=0$ 时，通常称 $q=bi+cj+dk$ 为纯四元数(Pure Quaternion)。此外，与普通实数的运算规则不同，两个四元数之间的乘法运算是没有交换率的，而两个四元数之间的加减运算是由它们的实部和不同虚部分别做加减运算。由于四元数代数是超复数，因此它的一些基本运算规则可以从普通复数的运算规则推导出来。四元数的一些基本运算可以表示为式(2.3)～式(2.7)。

模运算：
$$|q| = \sqrt{a^2 + b^2 + c^2 + d^2} \tag{2.3}$$

共轭运算：
$$q^* = a - bi - cj - dk \tag{2.4}$$

一个单位四元数：
$$|q| = 1 \tag{2.5}$$

一个纯四元数：
$$q = bi + cj + dk \tag{2.6}$$

两个四元数 $q_1 = a_1 + b_1 i + c_1 j + d_1 k$ 和 $q_2 = a_2 + b_2 i + c_2 j + d_2 k$ 的 Hamilton 乘积：

$$\begin{aligned} q_1 \otimes q_2 = &(a_1a_2 - b_1b_2 - c_1c_2 - d_1d_2) \\ &+ (a_1b_2 + b_1a_2 + c_1d_2 - d_1c_2)i \\ &+ (a_1c_2 - b_1d_2 + c_1a_2 + d_1b_2)j \\ &+ (a_1d_2 + b_1c_2 - c_1b_2 + d_1a_2)k \end{aligned} \tag{2.7}$$

此外，两个四元数函数之间也可以进行卷积操作，假设两个四元数的函数为 $f_q(x, y)$ 和 $g_q(x, y)$，它们分别表示为

$$f_q(x, y) = f_r(x, y) + f_i(x, y) \cdot i + f_j(x, y) \cdot j + f_k(x, y) \cdot k \tag{2.8}$$

$$g_q(x, y) = g_r(x, y) + g_i(x, y) \cdot i + g_j(x, y) \cdot j + g_k(x, y) \cdot k \tag{2.9}$$

$f_q(x, y)$ 和 $g_q(x, y)$ 这两个四元数可以进行四元数卷积运算操作，该卷积运算的过程能用式(2.10)的运算方式表示：

$$\begin{aligned} & f_q(x,y) * g_q(x,y) \\ &= \int_{-\infty}^{+\infty}\int_{-\infty}^{+\infty} f_q(x-\tau, y-\eta) \cdot g_q(\tau,\eta)\,\mathrm{d}\tau\mathrm{d}\eta \\ &= \int_{-\infty}^{+\infty}\int_{-\infty}^{+\infty} \begin{pmatrix} \begin{pmatrix} (f_r(x-\tau,y-\eta) + f_i(x-\tau,y-\eta) \cdot i + \\ f_j(x-\tau,y-\eta) \cdot j + f_k(x-\tau,y-\eta) \cdot k \end{pmatrix} \cdot \\ (g_r(\tau,\eta) + g_i(\tau,\eta) \cdot i + g_j(\tau,\eta) \cdot j + g_k(\tau,\eta) \cdot k) \end{pmatrix} \mathrm{d}\tau\mathrm{d}\eta \end{aligned}$$

$$
\begin{aligned}
&= \int_{-\infty}^{+\infty}\int_{-\infty}^{+\infty}\begin{pmatrix} f_r(x-\tau,y-\eta)\cdot g_r(\tau,\eta) - f_i(x-\tau,y-\eta)\cdot g_i(\tau,\eta) \\ -f_j(x-\tau,y-\eta)\cdot g_j(\tau,\eta) - f_k(x-\tau,y-\eta)\cdot g_k(\tau,\eta) \end{pmatrix} d\tau d\eta \\
&\quad + i\cdot \int_{-\infty}^{+\infty}\int_{-\infty}^{+\infty}\begin{pmatrix} f_r(x-\tau,y-\eta)\cdot g_i(\tau,\eta) + f_i(x-\tau,y-\eta)\cdot g_r(\tau,\eta) \\ +f_j(x-\tau,y-\eta)\cdot g_k(\tau,\eta) - f_k(x-\tau,y-\eta)\cdot g_j(\tau,\eta) \end{pmatrix} d\tau d\eta \\
&\quad + j\cdot \int_{-\infty}^{+\infty}\int_{-\infty}^{+\infty}\begin{pmatrix} f_r(x-\tau,y-\eta)\cdot g_j(\tau,\eta) - f_i(x-\tau,y-\eta)\cdot g_k(\tau,\eta) \\ +f_j(x-\tau,y-\eta)\cdot g_r(\tau,\eta) + f_k(x-\tau,y-\eta)\cdot g_i(\tau,\eta) \end{pmatrix} d\tau d\eta \\
&\quad + k\cdot \int_{-\infty}^{+\infty}\int_{-\infty}^{+\infty}\begin{pmatrix} f_r(x-\tau,y-\eta)\cdot g_k(\tau,\eta) + f_i(x-\tau,y-\eta)\cdot g_j(\tau,\eta) \\ -f_j(x-\tau,y-\eta)\cdot g_i(\tau,\eta) + f_k(x-\tau,y-\eta)\cdot g_r(\tau,\eta) \end{pmatrix} d\tau d\eta \\
&= [f_r(x,y)*g_r(x,y) - f_i(x,y)*g_i(x,y) - f_j(x,y)*g_j(x,y) - f_k(x,y)*g_k(x,y)] \\
&\quad + i\cdot[f_r(x,y)*g_i(x,y) + f_i(x,y)*g_r(x,y) + f_j(x,y)*g_k(x,y) - f_k(x,y)*g_j(x,y)] \\
&\quad + j\cdot[f_r(x,y)*g_j(x,y) - f_i(x,y)*g_k(x,y) + f_j(x,y)*g_r(x,y) + f_k(x,y)*g_i(x,y)] \\
&\quad + k\cdot[f_r(x,y)*g_k(x,y) + f_i(x,y)*g_j(x,y) - f_j(x,y)*g_i(x,y) + f_k(x,y)*g_r(x,y)]
\end{aligned}
\tag{2.10}
$$

对于离散的像素，$f_q(x, y)$ 和 $g_q(x, y)$ 的卷积也可以表示为离散形式，如式(2.11)。

$$
f_q(x, y) * g_q(x, y) = \sum_{\tau=0}^{\text{columns}}\sum_{\eta=0}^{\text{rows}} f_q(x-\tau, y-\eta)\cdot g_q(\tau, \eta) \tag{2.11}
$$

同时，为了使四元数卷积的公式表达更为简洁，两个四元数进行卷积操作也能以类似于矩阵乘法的方式来表示，columns 代表的是矩阵的列数，rows 代表的是矩阵的行数，其运算方式如式(2.12)所示。

$$
f_q * g_q = [1 \quad i \quad j \quad k]\cdot\left(\begin{bmatrix} f_r & -f_i & -f_j & -f_k \\ f_i & f_r & -f_k & f_j \\ f_j & f_k & f_r & -f_i \\ f_k & -f_j & f_i & f_r \end{bmatrix} * \begin{bmatrix} g_r \\ g_i \\ g_j \\ g_k \end{bmatrix}\right) \tag{2.12}
$$

基于以上四元数的基础理论，一些研究者们提出了用四元数表示(Quaternion Representation，QR)的方法来表示彩色图像。四元数表示的方法基于四元数代数的运算法则，可以对颜色信息进行整体集成，而不是使用单独的颜色空间分量。彩色图像(如 RGB 图像)可表示为纯四元数矩阵 $Q(x, y)$，如式(2.13)所示。

$$
Q(x, y) = R(x, y)i + G(x, y)j + B(x, y)k \tag{2.13}
$$

式中，(x, y) 是彩色图像中像素的坐标；$R(x, y)$，$G(x, y)$ 和 $B(x, y)$ 分别代表的是图像中的红、绿、蓝三通道图像矩阵的像素值。而与四元数矩阵进行卷积运算的可以是四元数卷积核 $\boldsymbol{\kappa}$，如式(2.14)所示。

$$
\boldsymbol{\kappa} = W + Xi + Yj + Zk \tag{2.14}
$$

此处，W，X，Y，Z 为实数矩阵。因此，根据式(2.12)，代表彩色图像的四元数矩阵与四元数卷积核的卷积操作可以表示为式(2.15)。

$$Q(x,\ y) * \kappa = \begin{bmatrix} 1 & i & j & k \end{bmatrix} \cdot \left(\begin{bmatrix} 0 & -R & -G & -B \\ R & 0 & -B & G \\ G & B & 0 & -R \\ B & -G & R & 0 \end{bmatrix} * \begin{bmatrix} W \\ X \\ Y \\ Z \end{bmatrix} \right) \tag{2.15}$$

此外，也有研究者提出了一种扩展四元数表示方法来充分地利用四元数的实部和虚部。彩色图像中的像素可以被表示为

$$Q(x,\ y) = T(x,\ y) + R(x,\ y)i + G(x,\ y)j + B(x,\ y)k \tag{2.16}$$

式中，$T(x,\ y)$ 是一个额外的信息项，用于利用除了原始 RGB 通道以外其他的相关附加特征。例如，彩色图像的灰度模式是最常见的附加特征。

许多研究已经证实了四元数表示和四元数运算在处理彩色图像方面有极大的优势。这是因为四元数表示方法提供了一个四元数域与 RGB 颜色空间的相互对应关系，并且四元数的运算法则不是各自处理单独的颜色空间通道，而是提供了整体处理彩色图像的方法，从而在整体上耦合了颜色通道之间的关系。因此，四元数代数运算比在实数域上的运算更适合处理彩色图像中的特征。

2.3　四元数 Gabor 卷积神经网络

针对卷积神经网络无法充分利用颜色通道的相关性和不能合理分配权重到关键区域的问题，本章提出了引入注意力机制的四元数 Gabor 卷积神经网络(QGA-CNN)来应对彩色表情识别任务。在 QGA-CNN 中，提出了将 MQGF 作为注意力机制引入四元数卷积网络中，四元数卷积网络由四元数卷积层、四元数批归一化层、四元数全连接层和四元数非线性层等基础组件组成。以下小节分别详细介绍了四元数 Gabor 的注意力机制、模型的基本组件和四元数 Gabor 卷积神经网络的整体框架。

2.3.1　四元数 Gabor 注意力机制

注意力机制的概念来源于人类的视觉系统，它模拟了人类大脑在观察物体时从粗到细的视觉注意方式，使得视觉神经能较多地关注图像中突出的纹理和特征，较少地关注其他的冗余信息。而计算机视觉领域的注意力机制模仿了这一特性，使用算法来强调图像中与任务相关部分的重要性，并减少与任务无关部分的干扰。在相关的研究中，存在许多模仿人类注意力机制的算法，包括传统图像处理方法和神经网络方法。

近年来，注意力机制在许多研究中被融入神经网络模型以提高算法的实际效果，例如较为常见的应用包括了自然语言处理、视觉问题回答和计算机视觉等。在 FER 任务中，常见有两种方法实现模型的注意力机制：一种是硬注意力机制，主要方式为选择特征中概率最大的注意区域；另一种是软注意力机制，主要方式为使用权重对空间里的特征进行平均操作。从结构上来说，也有两种注意力机制被常用于 FER 任务：一种是空间注意力机制，它采用自底向上和自顶向下的结构作为网络模型注意模块；另一种则是通道注意力机制，它首先提取特征图的完整信息，然后有选择地减少部分特征图的数量。

Gabor 滤波器是一种在图像处理中被广泛用于纹理分析的线性滤波器。它在 1946 年由物理学家 Dennis Gabor 提出，并以他名字命名。Gabor 滤波器的主要优势是在被分析点或者是被分析区域的周围，图像中特定方向特定频率上的内容能被有效地检测到。Gabor 滤波器能检测到的频率和方向已经被许多视觉科学家和脑科学家认为与人类视觉系统中的频率和方向高度相似。甚至，一些研究者提出使用 Gabor 函数可以模拟部分动物大脑中的视觉细胞，于是许多研究者开始使用类似于人类视觉感知系统的 Gabor 滤波器来进行图像分析[97]。许多工作充分地证明 Gabor 滤波器特别适合于表示不同图像中的纹理和在人脸识别任务中应用。由于 Gabor 滤波器的基本结构类似于人眼细胞，因此，它在获取图像的某些空间和频率域信息方面具有良好的特性。但迄今为止，很少有研究将 Gabor 滤波器作为注意力模块引入到深度网络模型中。

本章区别于其他已有的注意力机制，提出了将多方向的四元数 Gabor 滤波器（Multidirectional Quaternion Gabor Filters，MQGF）作为注意力机制引入四元数卷积网络中。相比于其他研究中的空间或通道注意力方式，MQGF 滤波器具有提取图像中丰富纹理信息的能力，因此它能更有效地关注到与表情相关的纹理特征。

MQGF 注意力机制的实现方法如图 2.1 所示，整个模型被设计为两个并行的分支，即主干分支和掩膜分支。其中，主干分支被作为网络的特征提取器来提取图像中的主要特征，掩膜分支则被用来实现 MQGF 注意力机制。具体来说，主干分支通过一些四元数基本单元来计算彩色人脸表情图像的整体特征，而掩膜分支使用 MQGF 层和四元数卷积层来生成彩色人脸表情图像的注意力图。最后，通过加权融合的方式将主干分支生成的特征图和掩膜分支输出的注意力图合并为最终的表情特征图。这些表情特征经过池化层和四元数全连接层的处理被分类为具体的目标表情。

在掩膜分支中，MQGF 滤波器会被用来提取图像中的局部纹理特征。MQGF 滤波器是由多个方向不同的四元数 Gabor 滤波器所组合而成的，四元数 Gabor 滤波器是将普通 Gabor 滤波器扩展到四元数域，单个的四元数 Gabor 滤波器的表示如式（2.17）所示。

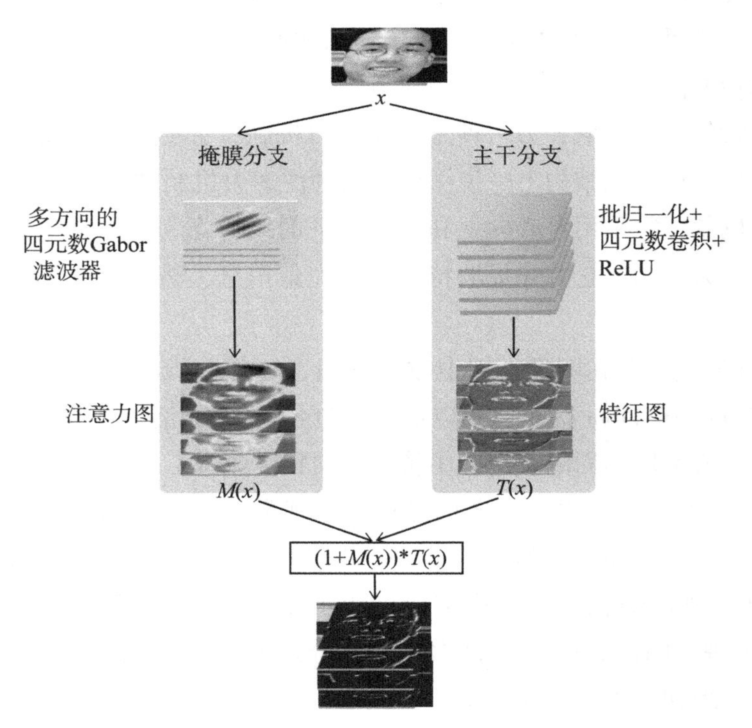

图 2.1　四元数 Gabor 卷积网络的主干分支和掩码分支结构示意图

$$\begin{cases} g_{\lambda,\theta,\psi,\sigma,\gamma}(x,\ y)=\exp\left(-\dfrac{x'^2+\gamma^2 y'^2}{2\sigma^2}\right)\cdot\exp\left[\mu\cdot\left(2\pi\dfrac{x'}{\lambda}+\psi\right)\right] \\ \begin{pmatrix} x' \\ y' \end{pmatrix}=\begin{pmatrix} \cos\theta & \sin\theta \\ -\sin\theta & \cos\theta \end{pmatrix}\begin{pmatrix} x \\ y \end{pmatrix} \end{cases} \tag{2.17}$$

这里，原始 Gabor 滤波器中的$\mu=1+i$由复数被替换成了纯四元数$\mu=(i+j+k)/\sqrt{3}$，λ 表示正弦因子的波长，θ 代表 Gabor 函数中平行条纹的法线方向，ψ 是相位偏移，σ 是高斯函数的标准差，γ 代表了高斯函数的空间纵横比，相关参数 λ，θ，ψ，σ，γ 的参数值被设置为多个组合以提取图像中多个方向的纹理信息。图 2.2 为方向为 $\pi/4$ 的四元数 Gabor 滤波器的 3D 和 2D 效果示意图。

在掩膜分支中，引入 MQGF 滤波器作为注意力的目的是来提取空间局部的纹理特征。在所提出的模型中四元数 Gabor 滤波器共使用了 64 个四元数的 Gabor 滤波核，这些滤波核如图 2.3 所示，它们对应的参数分别是 $\lambda=8$，16，32，64；$\sigma=2$；$\psi=0$；$\gamma=0.5$，1；$\theta=0$ 到 $7\pi/8$(每两个值的间隔为 $\pi/8$)。

注意力机制的计算根据以下三个步骤：首先，这些多方向四元数 Gabor 滤波器与四元数表示的彩色图像(输入图像)进行卷积，生成 64 个四元数特征图，特征图中包

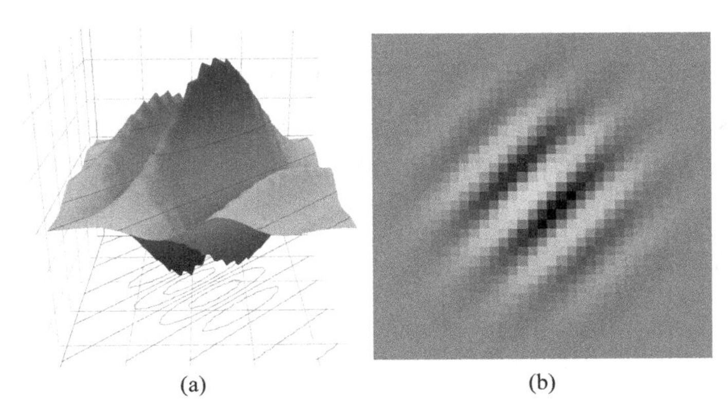

图 2.2　四元数 Gabor 滤波器的 3D 和 2D 效果示意图

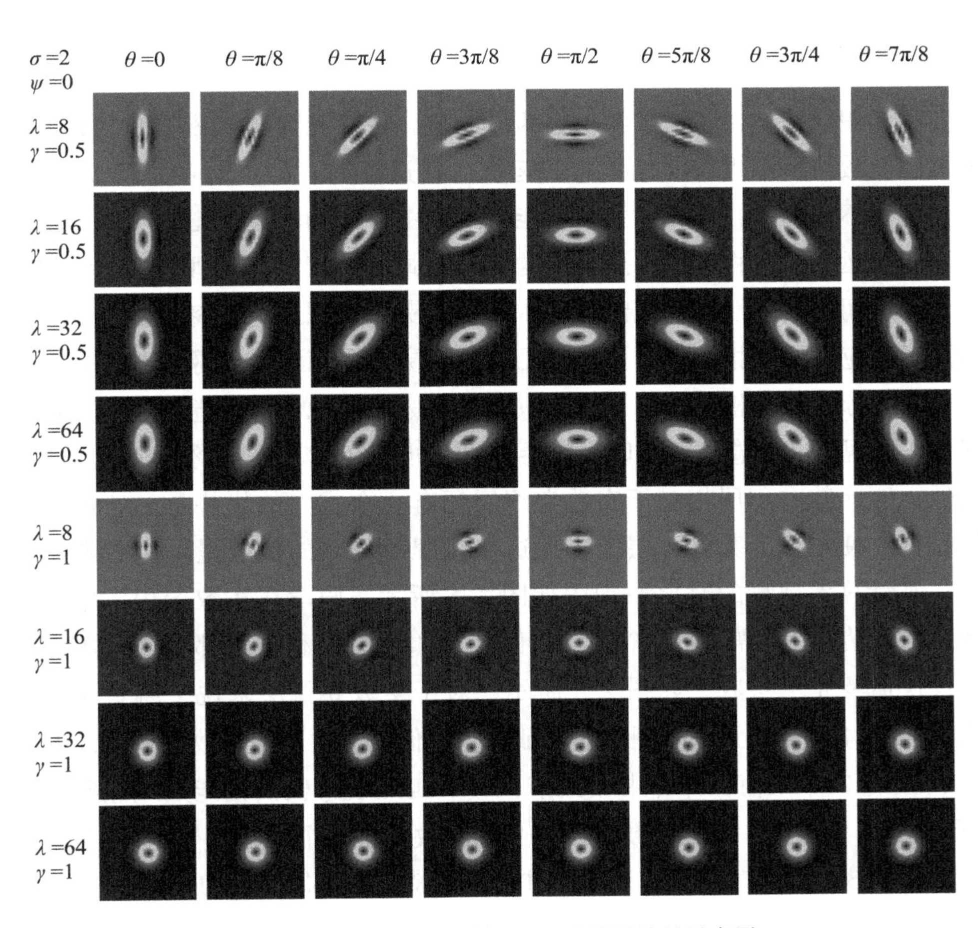

图 2.3　不同方向四元数 Gabor 滤波器核的示意图

括了纹理和结构特征；然后，将 64 个特征图输入四元数卷积层，以获取更高级的注意力特征图；最后，使用 Sigmoid 层将输出数据的范围归一化到 0 到 1 之间。在整个掩膜分支中，四元数 Gabor 滤波器、四元数卷积层和 Sigmoid 激活层构成了注意力机制，该机制能有效提取人脸表情图像中的纹理、形状和结构等相关特征，最终，掩膜分支生成并输出 64 个包含人脸表情信息的注意力特征图。

2.3.2　模型的基本组件

四元数 Gabor 卷积神经网络和传统的 CNN 有类似的结构，该网络模型主要包含四元数卷积层、四元数批归一化层、四元数全连接层和四元数非线性层等若干种基本组件。以下是对它们的详细介绍。

1. 四元数卷积层

与实数卷积层相似，四元数卷积层的目的是，将四元数卷积核与四元数表示的图像矩阵或四元数特征图进行四元数卷积运算，其运算如式(2.15)的描述所示。然而，与实数卷积层不同的是，四元数卷积层能将图像中分离的颜色通道视为一个整体，通过四元数卷积运算可以将颜色信息以结构化的形式进行表示和处理，从而使得图像中不同颜色通道间的相关性得以保留。具体来说，实数卷积层只是将卷积核的每个通道与彩色图像对应的通道相乘。但是，四元数卷积层是令四元数图像矩阵中每个分量都与四元数核的分量分别相乘，四元数卷积层能将标准卷积和深度卷积充分地结合在一起。图 2.4 展现了实数卷积层与四元数卷积层在处理 RGB 彩色图像上的区别。

此外，四元数卷积层相对于实数卷积层还有一个重大的优势是，处理同样维度的图像特征，使用四元数卷积层来实现这一过程所需要的参数量是实数卷积层的四分之一。其计算参数量的对比原理图如图 2.5 所示。假设在实数卷积层中，输入和输出通道数均为 4，则需要 16 个参数。但是，如果输入和输出都以四元数的形式表示，则仅仅需要 4 个参数。如图 2.5 所示，对于实数卷积层来说，需要 4 个卷积核大小为 $1\times1\times4$ 的神经元来处理这些特征信息。但是，对于四元数层来说，由于 W_r，W_x，W_y，W_z 这四个权值在计算中被共享，一个四元数卷积核就能处理这些特征信息(输入和输出都只包含一个四元数，而每个四元数包含 4 个分部)。这种参数共享的计算方法在减少参数的同时，还能让不同维度上的特征信息保持它的特性。

2. 四元数批归一化层

批归一化层是 2015 年由谷歌公司提出的一种对数据进行正则化的方法，与其他数

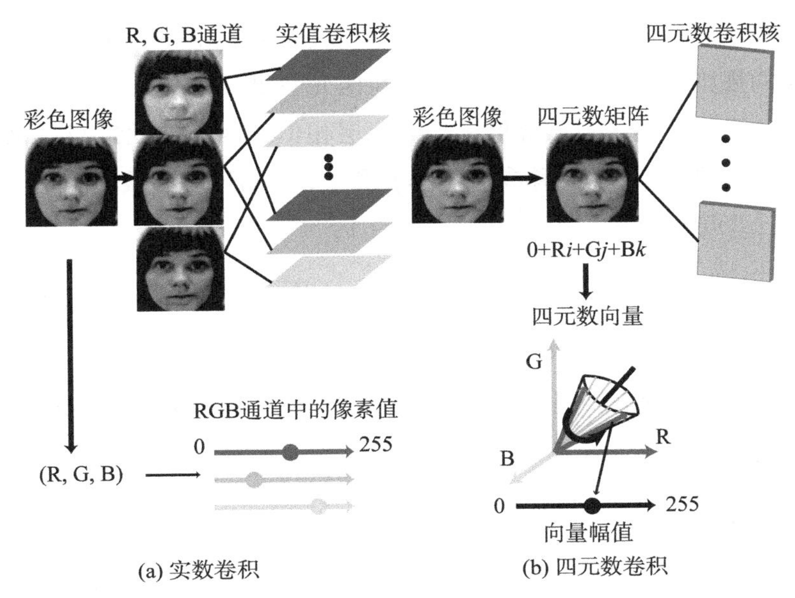

图 2.4 实数卷积与四元数卷积的对比示意图(书后附彩色版本插图)

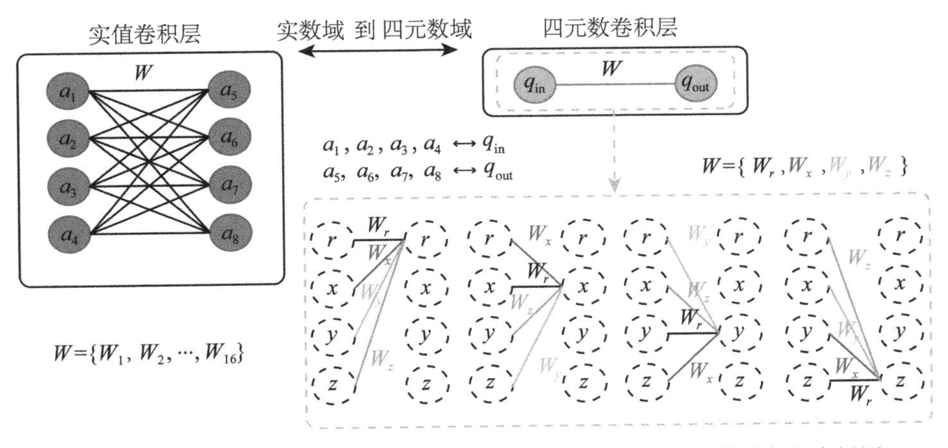

图 2.5 实值卷积与四元数卷积的计算参数量对比原理图(书后附彩色版本插图)

据正则化的方法相似，其目的也是将分散的数据进行归一化。在以前的数据标准化步骤中，当模型输入像素的数值差异较大时，这些输入与权重进行矩阵相乘后会进一步扩大差距，该现象严重影响了后层，令数据间的差异表现得更加明显。此外，未经处理的输入数据还会导致梯度发散，从而需要更多的训练次数和时间来抵消这些负面的影响，甚至使模型难以收敛。批归一化层的提出解决了这些问题，在卷积层之间加入批归一化层会将数据从激活函数的饱和区映射到非饱和区，使层与层之间重新具备梯度。四元数批归一化层（Quaternion Batch-Normalization，BN）同样是用来稳定和加速深度网络的训练和收敛，该方法对优化网络模型至关重要。由于传统卷积神经网络中批处理归一化层的规则只适用于实数域，于是在四元数批归一化层中采用了白化的方法对输入数据进行尺度变换。与传统批量归一化层相似，四元数批量归一化层也有两个需要学习的参数，即 4×1 的转移参数矩阵 β 和 4×4 的尺度参数矩阵 γ。整个四元数批归一化层的计算可以被表示为

$$BN(\tilde{x}) = \gamma \tilde{x} + \beta \tag{2.18}$$

这里，$\tilde{x}$ 表示通过白化方法得到的四元数，它是一个 4×1 的矩阵。尺度参数矩阵 γ 为一个对角矩阵，它的对角每一项都被初始化为 $1/\sqrt{4}$，这样整个矩阵的范数即为 1。尺度参数矩阵 γ 的非对角项和转移参数矩阵 β 的每一项都初始化为零。

3. 四元数全连接层

四元数全连接层遵循与实值全连接层相似的运算规则，其通常被放置在模型的后半部分。四元数全连接层的实质为 N 行一列的神经元，它的每一个神经元节点与前后层的所有神经元节点都是全连接的，其结构类似于多层感知器。由于它具有全相连的特性，于是其参数也是卷积神经网络模型中最多的部分。图像特征由卷积层输出以后会被输入到全连接层，它会被当作模型的分类器来输出最终预测值。从另一个角度来说，全连接层也可以看作是卷积核大小为 $1*1$ 的特殊卷积层，其原理可以用下式表达：

$$FC(x) = g(W^{\mathrm{T}}x + b) \tag{2.19}$$

其中，x 为输入的向量，$FC(x)$ 为全连接层的输出，W^{T} 为全连接层的权重，$g(\cdot)$ 代表的是激活函数。四元数全连接层相比实值全连接层的不同之处在于为了保持网络中颜色的结构信息，其采用了一维的四元数内核而不是一维实数值的内核。

4. 四元数非线性层

四元数非线性层包含四元数池化层、四元数 Softmax 层和四元数激活函数，这些都是卷积网络模型中非常重要的组件。池化层是对网络的中间特征进行降维，进而减少模型的数据量，同时也减少所需参数的数量。由于池化层的存在，也使得卷积神经网络具有等变性，能够非常有效地应对输入图像的平移和缩放。被广泛应用的池化层包含平均池化和最大池化。平均池化顾名思义就是取采样窗口内数值的平均值为最终结果，最大池化就是取采样窗口内数值的最大值为最终结果。四元数平均池化层和四元数最大池化层都是通过计算局部邻域内各个四元数分量的平均数来实现的。

四元数 Softmax 层通常作为分类器放在网络的最后一层，它以全连接层输出的向量作为输入，其输出为一列 N 维的向量，N 是最终所有数据的类别，而每个向量中的数值代表的是该类别的概率。四元数 Softmax 函数的运算规则类似于实数 Softmax 层，但它以四元数的模代替实数的数值。四元数 Softmax 层的计算方法如下：

$$\sigma(z)_j = \frac{e^{|z_j|}}{\sum_{k=1}^{K} e^{|z_k|}} \tag{2.20}$$

其中，$\sigma(z)$ 为 K 维四元数向量，j 为类别数量，$|Z_j|$ 为输入的四元数特征向量的模。

常见的非线性激活函数包括逻辑激活函数(Sigmoid)和修正线性单元函数(Rectified Linear Unit，ReLU)。对于四元数 Sigmoid 函数和四元数 ReLU 激活函数，它们都是计算四元数各个分量的非线性值。四元数 Sigmoid 函数如同实数 Sigmoid 函数的形式一样，也会将特征向量映射到 0 至 1 之间，其数学表达式如下：

$$S(x) = \frac{1}{1 + e^{-x}} \tag{2.21}$$

这里，x 分别表示了输入四元数的实部和三个虚部。但是，Sigmoid 函数在 0 和 1 附近时梯度接近为零，这容易导致模型权重更新缓慢，模型的梯度容易消失和模型难以得到有效的训练。四元数 ReLU 激活函数就很好地弥补了这一缺点。这里的 x 也分别表示输入四元数的实部和三个虚部，当输入 $x < 0$ 时，它输出的值都为零；但是当 $x > 0$ 时，它输出的值为 $y = x$ 的函数值。四元数 ReLU 激活函数的数学表达式简单，没有指数函数的复杂计算，因此，在模型前向传播和反向传播时计算效率很高，能够加速模型的收敛。ReLU 的数学表达式如下：

$$f(x) = \max(0, x) \tag{2.22}$$

2.3.3 模型的整体框架

四元数 Gabor 卷积神经网络包含主干分支和掩模分支两个模块。其主干分支包含一个四元数批归一化层和两个四元数结构块。四元数批归一化层为第一层，它使得训练过程收敛速度快，模型训练稳定，输出大小为 96×112 的四元数特征图。本章实验部分的结果显示，在主干网络中采用两个四元数结构块的模型效果最佳，其中，第一个四元数结构块捕获低级特征，第二个四元数结构块提取高级特征，两个四元数结构块都包括一个核大小为 3 × 3 × 64 的四元数卷积层与四元数 ReLU 激活层，后面紧接着一个核大小为 1 × 1 × 64 的四元数卷积层与四元数 ReLU 激活层，它们输出的都是 64 个大小为 96 × 112 的四元数特征图。因此，整个主干网络才能从人脸表情图像中提取丰富的表情特征。它输出特征图的尺寸和通道数与掩膜分支的输出相同。

在掩膜分支中，第一层为四元数 Gabor 层，它包含 64 个大小为 11 × 11 × 1 的四元数 Gabor 滤波器，共生成 64 幅大小为 96 × 112 的四元数特征图像。第二层为四元数卷积层，它包含了 64 个大小为 1 × 1 × 64 的卷积核，共生成了 64 幅大小为 96 × 112 的四元数注意力图。最后，Sigmoid 函数将这 64 的四元数注意力图映射到 0 到 1 之间进行单个分量的归一化。

掩膜分支输出的 64 幅大小为 96 × 112 的四元数注意力图和主干分支输出的 64 幅大小为 96 × 112 的四元数特征图以通道连接通道的方式合并。然后，将合并后的 64 幅四元数特征图输入一个平均的池化层，生成 64 幅大小为 48 × 56 的四元数特征图。最后，将 64 幅大小为 48 × 56 的幅四元数特征图转化成 172032(48 * 56 * 64)维四元数向量。这个四元数向量由一个四元数全连接层连接，输出 16 个四元数。这 16 个四元数被重新排列成一个 64(16 * 4)维的实值向量，并送入到一个实值的全连接层，最终输出的 7 个向量分别对应了人脸的七种基础表情。

主干分支和掩膜分支输出的特征图是以通道对通道的方式合并的，其合并方法如下：

$$E(x) = T(x) + M(x) \circ T(x) \tag{2.23}$$

这里，$M(x)$ 代表的是掩膜分支的输出，$T(x)$ 代表的是主干网络的输出。式(2.24)即表示掩膜分支和主干分支输出的 64 个四元数特征映射。

$$\begin{cases} M(x) = [m_1(x),\ m_2(x),\ \cdots,\ m_{64}(x)]^{\mathrm{T}} \\ T(x) = [t_1(x),\ t_2(x),\ \cdots,\ t_{64}(x)]^{\mathrm{T}} \\ E(x) = [e_1(x),\ e_2(x),\ \cdots,\ e_{64}(x)]^{\mathrm{T}} \end{cases} \tag{2.24}$$

它们以通道连接通道的方式合并，其合并方式如下：

$$(a_1 + b_1 i + c_1 j + d_1 k) \circ (a_2 + b_2 i + c_2 j + d_2 k) = a_1 a_2 + b_1 b_2 i + c_1 c_2 j + d_1 d_2 k \tag{2.25}$$

这里“∘”表示按通道与通道之间的点乘。以这样的方式融合主干网络和掩膜网络的输出，能够着重强调表情信息丰富的人脸区域，抑制表情信息不丰富的人脸区域。这样的融合手段可以得到 64 幅新的四元数特征图，然后这些特征图被送入一个平均池化层，接着是一个四元数全连接层和一个实值全连接层，实值全连接层最终输出的为人脸表情的分类结果。

为了与传统 CNN 模型相比较，本章还构建了一个和 QGA-CNN 模型结构一致的实值 CNN 模型。与实值 CNN 对比，QGA-CNN 模型极大地减少了模型的参数数量，QGA-CNN 相比实值 CNN 模型的参数数量大约减少了 75%。QGA-CNN 模型和实值 CNN 模型的结构如图 2.6 所示，表 2.1 也详细列举了两个模型参数的对比情况。

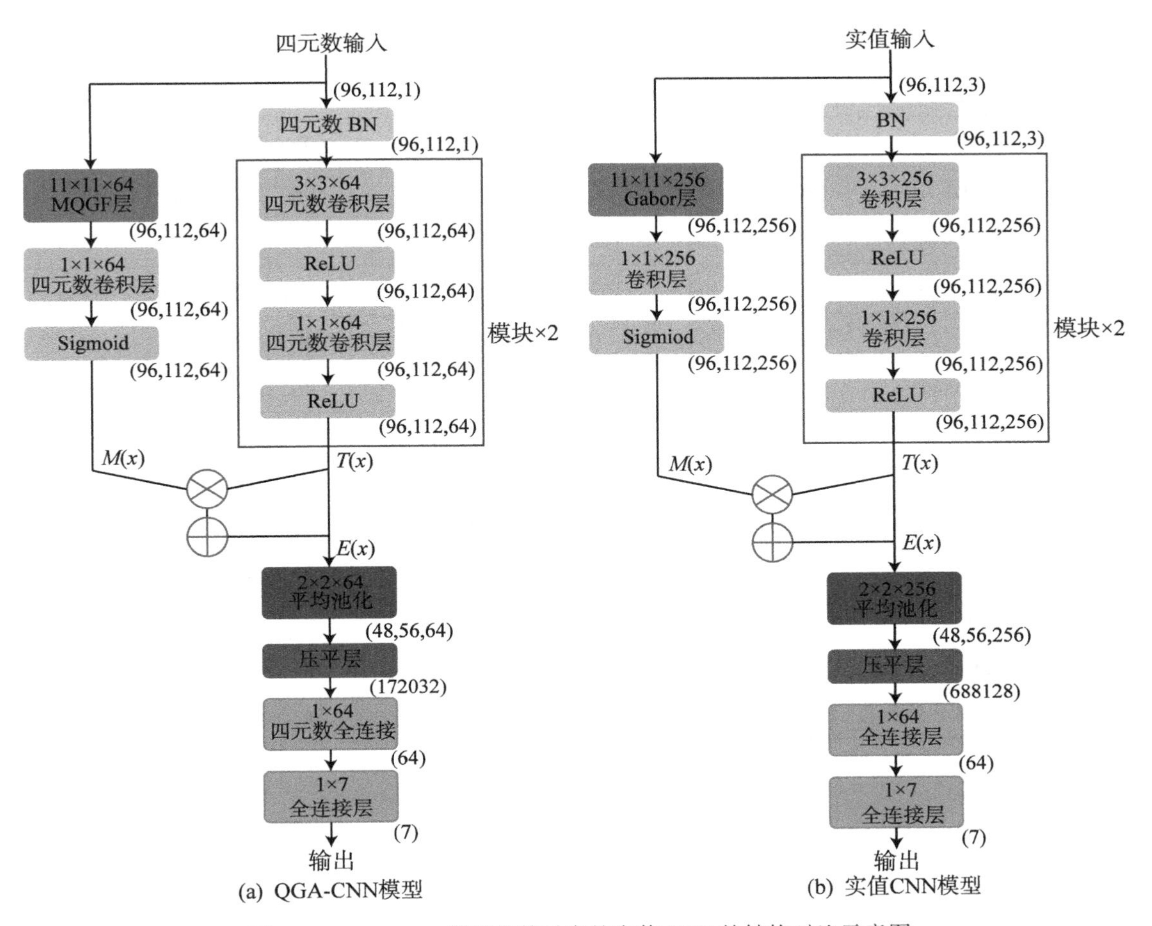

图 2.6 QGA-CNN 模型和其对应的实值 CNN 的结构对比示意图

表 2.1 **QGA-CNN 和对应的实值 CNN 的参数**

	QGA-CNN			实值 CNN		
层数	名称	输出形状	参数量	名称	输出形状	参数量
1	输入层	(96, 112, 1)	0	输入层	(96, 112, 3)	0
2	四元数 BN	(96, 112, 1)	28	BN	(96, 112, 3)	12
3	四元数卷积层(q_1)	(96, 112, 64)	2304	卷积层(c_1)	(96, 112, 256)	6912
4	ReLU(r_1)	(96, 112, 64)	0	ReLU(r_5)	(96, 112, 256)	0
5	四元数卷积层(q_2)	(96, 112, 64)	16384	卷积层(c_2)	(96, 112, 256)	65536
6	ReLU(r_2)	(96, 112, 64)	0	ReLU(r_6)	(96, 112, 256)	0
7	四元数卷积层(q_3)	(96, 112, 64)	147456	卷积层(c_3)	(96, 112, 256)	589824

续表

QGA-CNN				实值 CNN		
层数	名称	输出形状	参数量	名称	输出形状	参数量
8	ReLU(r_3)	(96, 112, 64)	0	ReLU(r_7)	(96, 112, 256)	0
9	MQGF 层	(96, 112, 64)	0	Gabor 层	(96, 112, 256)	0
10	四元数卷积层(q_4)	(96, 112, 64)	16384	卷积层(c_4)	(96, 112, 256)	65536
11	四元数卷积层(q_5)	(96, 112, 64)	16384	卷积层(c_5)	(96, 112, 256)	65536
12	ReLU(r_4)	(96, 112, 64)	0	ReLU(r_8)	(96, 112, 256)	0
13	Sigmoid	(96, 112, 64)	0	Sigmoid	(96, 112, 256)	0
14	相乘操作	(96, 112, 64)	0	相乘操作	(96, 112, 256)	0
15	相加操作	(96, 112, 64)	0	相加操作	(96, 112, 256)	0
16	平均池化	(48, 56, 64)	0	平均池化	(48, 56, 256)	0
17	压平层	(172032)	0	压平层	(688128)	0
18	四元数全连接(f_1)	(16)	11010112	全连接层(f_3)	(64)	44040256
19	全连接层(f_2)	(7)	455	全连接层(f_4)	(7)	455
总参数：11209507				总参数：44834067		

2.4　实验及结果分析

本节介绍的是上述 QGA-CNN 在实验室和户外环境的表情数据集上进行的评估实验。2.4.1 节介绍的是参与实验的表情数据集；2.4.2 节说明了模型在数据集中实验的环境及参数设置；2.4.3 节展示了消融实验以及使用其他注意力机制实验的对比结果；2.4.4 节呈现了实验的可视化结果；2.4.5 节最后将 QGA-CNN 在不同数据集中的结果与一些先进的方法进行了对比论证。

2.4.1　数据集

为了评估四元数 Gabor 卷积神经网络(QGA-CNN)在人脸表情识别任务中的表现，本次实验挑选了两个实验室控制表情数据集 Oulu-CASIA 和 MMI，以及一个户外表情数据集 SFEW。数据集中的部分数据如图 2.7 所示，其中的表情图像聚焦于正面或侧面的人脸，图像中的人脸均采用 MTCNN 方法检测获得。

图 2.7 参与实验的人脸表情图像示例

Oulu-CASIA 人脸表情数据集(图 2.7 中第一行)选取了表情图像序列的最后三帧作为目标表情，共包括 1920 幅表情图像(中性的图像 480 幅，各种目标表情的图像 1440 幅)。按照相关工作的经验，MMI 人脸表情数据集(图 2.7 中第二行)会被先去除不相关的表情序列，然后选择每个指定表情图像序列的中间三帧作为目标表情图像，第一帧作为中性表情，共得到 624 幅表情图像(其中中性的表情图像 187 幅，其他六种基础表情图像 437 幅)。SFEW 数据集(图 2.7 中第三行)已被预先划分为训练集(958 幅人脸表情图像)和验证集(436 幅人脸表情图像)。

2.4.2 实验环境及参数设置

本章 QGA-CNN 模型和对比模型的评估使用的都是相同训练环境和训练数据。这些网络模型的实现利用了程序语言 Python 和深度学习库 Tensorflow。在实验中，统一使用 Adam Optimizer 优化器对这些模型进行训练，网络模型中初始学习率被设置为 0.01，批处理大小被设置为 15，权值衰减参数被设置为 0.0001。所有网络模型都在 64 位的 Windows 10、Intel Core i7 3.4GHz CPU 和 NVIDIA GeForce GTX 1080 GPU 的计算机上被训练了 400 个回合。对于 SFEW 表情数据集，实验遵循大多数研究的设定，直接使用预先划分的训练集(958 张图像)和验证集(436 张图像)来对模型进行评估。对于 Oulu-CASIA 和 MMI 表情数据集，实验也遵循了其他研究的设定，采用了一个与被采集者身份无关的十折交叉验证策略。这个策略把数据集划分成 10 个与被采集者身份无关的等数量子集，其中 9 个子集用于训练，1 个子集用于验证。整个测试过程共按顺序进行了 10 次，最终的实验精度是 10 次测试的平均精度。

2.4.3 消融实验

为了得到所提出的 QGA-CNN 模型中组件的最佳参数，也为了验证模型中主干网络和注意力机制的有效性，本章设计了若干组在表情数据集上的对比实验来得到 QGA-CNN 的最佳参数和验证各个部件对 QGA-CNN 模型最终结果的影响。

在 QGA-CNN 的模型中，需要调整一些重要的网络参数使模型在各个数据集上的表现性能达到最佳。除了模型中卷积核的大小之外，模型中通道的数量、主干分支中四元数结构块的数量和掩膜分支中 MQGF 滤波器的参数是网络中三个最重要的参数。通常来说，对于网络模型，如果性能没有明显下降，应该使用较小的卷积核。在感受野相同但卷积核的大小不同的网络模型中，使用卷积核尺寸较小的模型需要的参数数量也是较少的。因此，在主干网络中主要使用尺寸大小为 3×3 的卷积核。但是在掩码分支中，MQGF 滤波器需要一个较大的感受野来捕获局部注意力，根据实验的经验，它的卷积核尺寸被设置为 11×11。

主干分支中四元数结构块的最佳数量以及掩膜分支中的四元数 Gabor 滤波器的最佳参数也是十分重要的参数指标。根据其他相关研究的经验，模型的通道数量被设置为 64。然后，根据多组不同参数的对比实验，选择效果最好的一组参数作为网络的最终结构。表 2.2 给出了包含不同四元数结构块数量的 QGA-CNN 在 3 个数据集上的表情识别精度。可以看出，当四元数结构块数为 2 时，得到的模型识别结果最好。表 2.3 列出了设置 MQGF 滤波器的不同参数时四元数 Gabor 卷积神经网络在三个数据集上的识别精度。由实验数据可见，最后一组参数的模型是最佳选择。以上两组参数确定以后，在实验中还测试了模型通道的数量。因为最后输出的特征需要融合，主干分支和掩码分支中的通道数量应该相同。在这次实验中，模型分别被设置了 16、32、64 和 128 的通道数量，评价结果见表 2.4。从实验结果中可以看出，当通道数量为 64 时 QGA-CNN 识别率最高。表 2.5 展现了 QGA-CNN 在 MMI 和 Oulu-CASIA 数据集上验证最优参数的 10 折交叉验证记录。10 折交叉验证方案不能用于 SFEW 数据集，因为该数据集已经预先被划分为训练集和验证集，QGA-CNN 在 SFEW 验证集上的准确率为 44.12%。

表 2.2 不同四元数结构块的 QGA-CNN 识别精度

数据集	模块 ×1	模块 ×2	模块 ×3	模块 ×4
MMI	98.41%	99.12%	98.41%	87.30%
Oulu-CASIA	96.88%	99.48%	97.63%	95.83%
SFEW	41.58%	44.12%	42.66%	41.03%

表 2.3　　不同四元数 Gabor 参数下四元数 Gabor 卷积神经网络的识别精度

Parameters					MMI	Oulu-CASIA	SFEW
σ	λ	ψ	θ	γ			
2	8,16,36,64	$0,\pi$	$0,\frac{\pi}{4},\frac{2\pi}{4},\frac{3\pi}{4}$	0.5,1	95.24%	98.44%	44.02%
2,4	8,16,36,64	0	$0,\frac{\pi}{4},\frac{2\pi}{4},\frac{3\pi}{4}$	0.5,1	95.04%	95.83%	42.76%
2,4	8,16,36,64	0	$0,\frac{\pi}{8},\frac{2\pi}{8},\frac{3\pi}{8},\frac{4\pi}{8},\frac{5\pi}{8},\frac{6\pi}{8},\frac{7\pi}{8}$	0.5	98.94%	96.35%	42.49%
2,4,6,8	8,16	0	$0,\frac{\pi}{4},\frac{2\pi}{4},\frac{3\pi}{4}$	0.5,1	96.64%	95.83%	42.13%
2	8,16,36,64	0	$0,\frac{\pi}{8},\frac{2\pi}{8},\frac{3\pi}{8},\frac{4\pi}{8},\frac{5\pi}{8},\frac{6\pi}{8},\frac{7\pi}{8}$	0.5,1	99.12%	99.48%	44.12%

表 2.4　　不同通道数量的 QGA-CNN 的识别精度

数据集	16 通道	32 通道	64 通道	128 通道
MMI	92.47%	93.30%	99.12%	95.04%
Oulu-CASIA	95.31%	95.83%	99.48%	96.24%
SFEW	38.06%	39.26%	44.12%	39.53%

表 2.5　　QGA-CNN 在 10 倍交叉验证时在 10 个子集上的识别精度

数据集	子集 1	子集 2	子集 3	子集 4	子集 5	子集 6	子集 7	子集 8	子集 9	子集 10	平均值
MMI	99.34%	99.12%	99.47%	98.94%	99.12%	99.12%	98.94%	99.12%	98.94%	99.12%	99.12%
Oulu-CASIA	99.82%	99.65%	99.65%	99.82%	99.29%	99.12%	99.65%	99.82%	98.18%	99.82%	99.48%

除了对不同结构块数目和四元数 Gabor 滤波器参数进行了对比实验外，本章还进行了一些消融实验来验证网络模型各个模块的有效性。所提出的 QGA-CNN 由两个分支组成，主干分支用来提取整张人脸的表情特征，掩膜分支通过计算人脸的注意力映射，给主干分支提取的表情特征进行加权表示。消融实验是通过改变网络中的部分组件来验证该部件在 QGA-CNN 模型中的有效性。

为了验证注意力模块在网络模型中的重要性，从 QGA-CNN 中去掉掩膜分支，并且保持主干分支不变，为简洁起见，这个模型被命名为四元数 CNN。此外，注意力分支的数量也会对网络模型的最终表现产生影响，于是本章还实现了一个新的四元数

Gabor 卷积神经网络，它包含三个分支(一个主干分支和两个掩膜分支)。这个模型被命名三分支四元数 CNN，它将输入的人脸图像分为眼睛区域和嘴巴区域，整个输入图像被送到主干分支进行特征提取，两个子区域被送到两个掩码分支实现注意力机制，最后，两个掩码分支输出的注意力图与主干分支提取的表情特征图进行加权。实验结果如表 2. 6 所示，可以看出，注意力模块在网络总体性能上起到了很重要的作用，并且携带一个注意力分支的 QGA-CNN 表现得最好。

表 2. 6　**不同注意力分支的四元数 Gabor 卷积神经网络的识别精度**

数据集	四元数 CNN	QGA-CNN	三分支四元数 CNN
MMI	85. 71%	99. 12%	93. 65%
Oulu-CASIA	98. 44%	99. 48%	98. 75%
SFEW	39. 67%	44. 12%	41. 15%

此外，相比其他常见的注意力(如通道注意力和空间注意力)方式，MQGF 注意力机制能更好地提取表情图像中的纹理特征。为了验证提出的 MQGF 注意力在特征提取上的效果，构造了两个对比模型，即用通道注意力替换 MQGF 的通道注意力模型和用空间注意力替换 MQGF 的空间注意力模型。实验结果如表 2. 7 所示，可以看出，QGA-CNN 在三个数据集上的识别精度都明显高于两个对比模型，证明所提出的 MQGF 注意力机制在 QGA-CNN 中相比于其他注意力机制识别效果更好。

表 2. 7　**QGA-CNN、通道注意力模型和空间注意力模型的识别精度**

数据集	QGA-CNN	通道注意力模型	空间注意力模型
MMI	99. 12%	88. 23%	89. 42%
Oulu-CASIA	99. 48%	90. 54%	91. 31%
SFEW	44. 12%	39. 71%	41. 27%

2. 4. 4　结果的可视化显示及效果分析

为了证明注意力机制在 QGA-CNN 模型中的作用，本小节将掩膜分支中通过注意力机制获得的注意力图进行了可视化。图 2. 8 展示了注意力强度覆盖在原始人脸表情图像上的示意图，图中每个像素的注意力强度都定义为掩膜支路在某个位置上输出的幅值。若某个区域注意力强度越大，则表明这个部位承载着越多能代表表情的信息，因此也对最终表情识别的结果越重要。在图 2.8 中，第一、第三、第五行分别为 Oulu-CASIA、MMI、SFEW 的原始表情图像，第二、第四、第六行分别为它们对应的注意力图。由图 2.8 可知，注意力主要集中在人脸五官区域附近，而头发和背景部分通常分配较少的注意力。

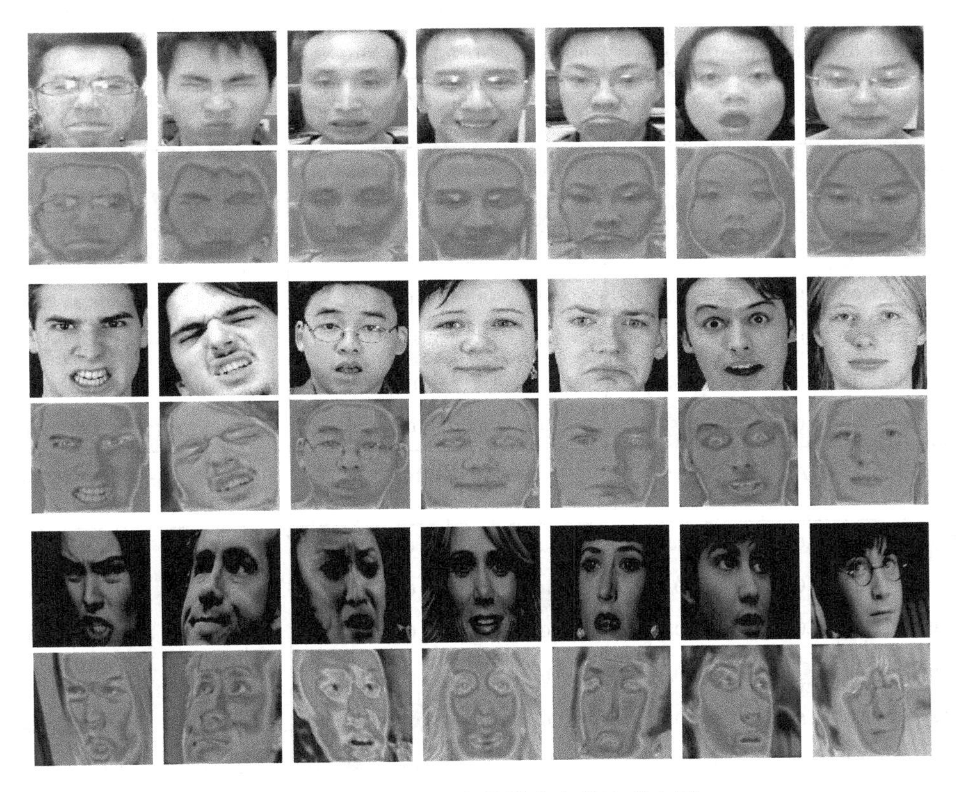

图 2.8 QGA-CNN 中掩模分支的注意力图

此外，为了比较 QGA-CNN、四元数 CNN(不含注意力模块)和同结构的实值 CNN 对不同表情单独的识别精度，图 2.9 分别给出了 QGA-CNN、四元数 CNN 和实值 CNN 的识别混淆矩阵。从图 2.9 中 Oulu-CASIA 的混淆矩阵可以看出，提出的 QGA-CNN 模型对所有人脸表情类别的准确率都能达到 98%以上。其中，矩阵的结果表明，对厌恶、恐惧、快乐、悲伤和惊讶的表情，模型识别的准确率达到了 100%。矩阵的结果还说明在不同的表情类别中，模型的泛化能力都很好。在相同结构的实值 CNN 中，模型对厌恶、恐惧、快乐、悲伤和惊讶的识别效果表现良好，但对愤怒和中性表情的识别

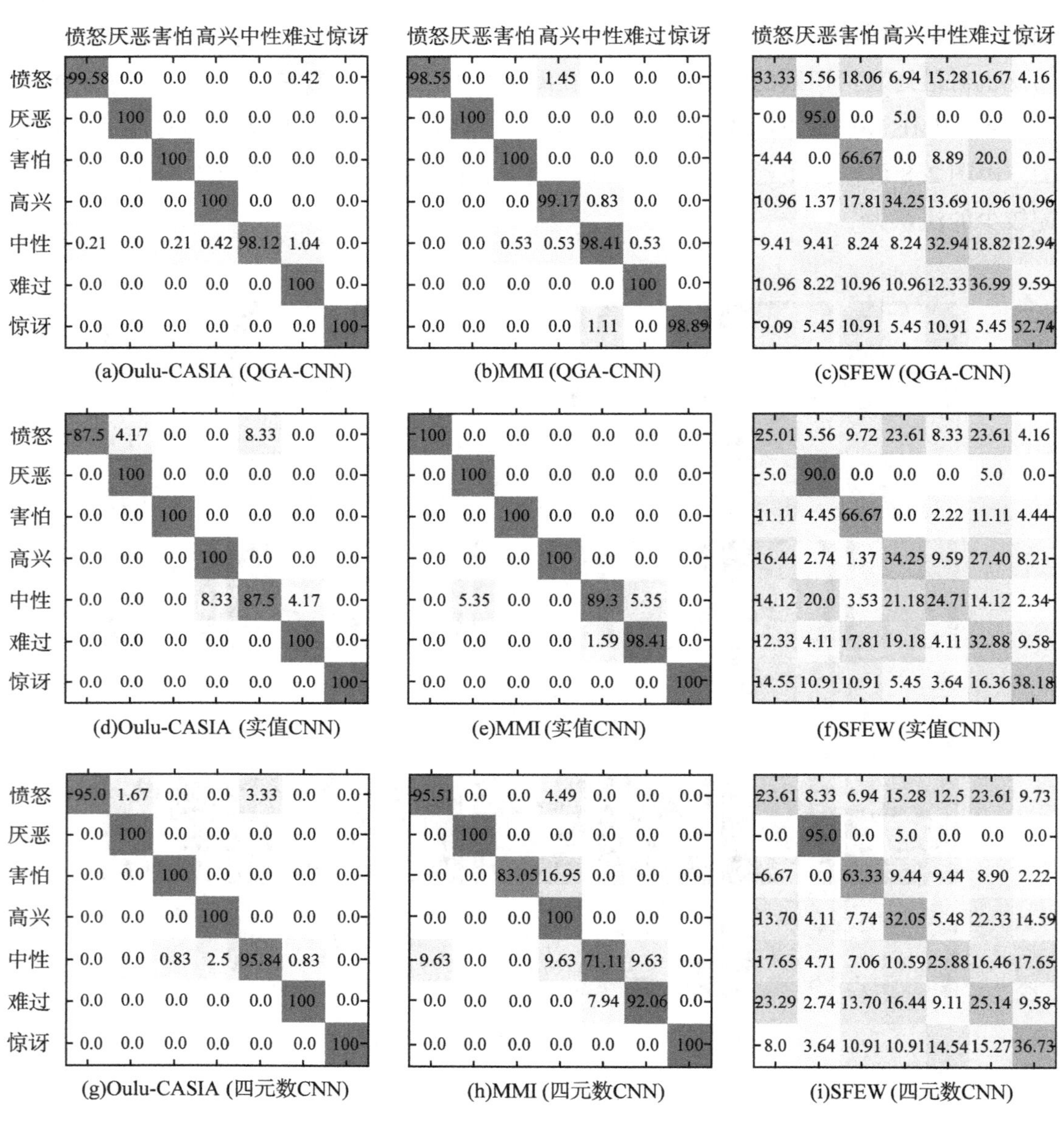

图 2.9　三个人脸表情数据集的混淆矩阵示意图

率只有 87.5%左右。其中，一些愤怒表情的样本会被错误地分类为厌恶或中性表情，一些中性表情会被错误地分类为快乐或悲伤表情。四元数 CNN(不含注意力模块)也能正确识别厌恶、恐惧、快乐、悲伤和惊讶的表情，但对愤怒和中性表情的识别准确率大约为 95%。其中，少数愤怒表情被错误地分类为厌恶或中性表情，少数中性表情被错误地分类为恐惧、快乐或悲伤表情。

从图 2.9 中 MMI 的混淆矩阵可以看出，QGA-CNN 对所有表情类别的识别准确率都在 98%以上。对厌恶、恐惧和悲伤等几种表情可以被准确识别。总体来说，QGA-CNN 对不同的表情都表现出了很好的泛化能力。实值 CNN 对愤怒、厌恶、恐惧、快乐、悲伤和惊讶表情的识别表现最为良好，但对中性表情的识别率只有约 89%，约有 10%的中性表情会被误认为厌恶或悲伤表情。四元数 CNN(不含注意力模块)能准确识别厌恶、高兴和惊讶的表情，但对恐惧和中性表情的识别准确率相对较低，分别仅为 83.05%和 71.11%。

从图 2.9 中 SFEW 的混淆矩阵可以看出，QGA-CNN 对厌恶的识别准确率达 95%以上，对恐惧和惊讶的识别准确率达 50%以上，对其他表情的识别准确率均在 40%以下，尤其是对中性表情的识别准确率只有 32.94%。实值 CNN 对厌恶表情的识别准确率为 90%，对恐惧表情的识别准确率为 66.67%，对其他表情的识别准确率均在 40%以下，对中性表情的识别准确率仅为 24.71%。四元数 CNN(无注意力模块)对厌恶表情的识别准确率为 95%，对恐惧表情的识别准确率为 63.33%，对其他表情的识别准确率不超过 40%。

综上所述，在两个实验室控制表情数据集上，QGA-CNN 对不同表情进行分类的效果比实值 CNN(结构相同)和四元数 CNN(不含注意力模块)要好，在户外表情数据集上，虽然 QGA-CNN 识别的准确率有所不足，但相比其他方法也具有更高的表情识别精度和更好的泛化能力。

2.4.5　与其他方法的对比

为了验证 QGA-CNN 的先进性，本节将提出的模型在各个数据集上的最终识别精度与其他年份相近且具有比较价值的 FER 模型进行了比较。表 2.8 给出了几种相近且有比较价值的表情识别方法的精度。列举的表情识别方法的精度都来源于它们原始的论文。在 Oulu-CASIA 和 MMI 数据集中，按照与其他工作相同的训练策略，分别抽取图像序列中的最后三帧和中间三帧作为目标表情的图像集合，对 QGA-CNN 进行十折交叉的训练。在 SFEW 数据集中，将已经划分好的训练数据对 QGA-CNN 进行训练，并在划分好的测试集上进行测试。通过表 2.8 可以发现，QGA-CNN 在三个数据集上的准确率始终是最高的，分别比 Oulu-CASIA、MMI 和 SFEW 数据集中最好的识别结果还高出了 1.38%、0.79%和 1.82%。

表 2.8　**QGA-CNN 与其他表情识别的方法**

数据集	方法	训练数据	精度	年份
Oulu-CASIA	Spatio-temporal network	最后三帧	86.25%	2017
	IDFERM	最后三帧	88.25%	2019
	STC-NLSTM	最后三帧	93.45%	2018
	LBP	最后三帧	96.90%	2009
	LDN	最后三帧	98.10%	2012
	QGA-CNN	最后三帧	99.48%	2020
MMI	AUDN	中间三帧	75.85%	2015
	Spatio-temporal network	中间三帧	81.18%	2017
	LBP	中间三帧	81.70%	2009
	STC-NLSTM	中间三帧	84.53%	2018
	SH-FER	中间三帧	98.33%	2015
	QGA-CNN	中间三帧	99.12%	2020
SFEW	AUDN	训练集与验证集	30.14%	2015
	CycleAT	训练集与验证集	30.75%	2018
	E-Gabor	训练集与验证集	35.40%	2017
	CNN-base	训练集与验证集	38.50%	2018
	DAM-CNN	训练集与验证集	42.30%	2019
	QGA-CNN	训练集与验证集	44.12%	2020

2.5　本章小结

本章提出了一种 QGA-CNN 框架，用于从彩色人脸表情图像中识别出面部的表情。首先，四元数理论被引入 CNN 来完成对人脸图像中特征信息的提取，该模型能有效地捕捉到图像中被忽视的颜色通道之间的相关信息；紧接着，引入了一种注意力机制，该机制用掩膜分支作为特征提取器，通过使用多方向的四元数 Gabor 滤波器、四元数卷积层和 Sigmoid 函数来计算人脸表情相关区域的注意力图；最后，将掩膜分支输出的注意力图与主干分支提取的特征图相融合，对人脸表情特征进行综合判断。对比实验表明，本章提出的 QGA-CNN 框架在实验室控制表情数据集 Oulu-CASIA 和 MMI 上获得了优异的表现，并优于其他的一些表情识别方法。在户外条件下的数据集 SFEW 上，虽然 QGA-CNN 的识别率高于其他相近的 FER 方法，但是该模型的识别精度还是没能达到令人满意的效果。因此，在后面的章节中，基于四元数的网络模型还有进一步优化的空间。

第3章　基于可变形四元数 Gabor 卷积神经网络的人脸表情识别*

为了更好地解决彩色 FER 任务中采样区域变形和参数初始化的问题，本章在上述 QGA-CNN 的基础上，提出了可变形四元数 Gabor 卷积神经网络。该网络在四元数 CNN 中添加了可变形层，让模型的卷积层能根据特征的形状自适应地变形采样，提高了网络提取不同区域表情特征的能力。此外，模型还采用四元数 Gabor 特征初始化代替传统均匀分布或正态分布的随机值初始化，让模型在训练过程中能更快收敛并且获得更高的识别精度。

3.1　采样区域变形和参数初始化问题的解决方法

上一个章已经提出了用 QGA-CNN 模型来完成彩色 FER 任务，但是该任务中依然存在两个问题需要解决：①上一章提出的模型由于卷积层结构的限制，无法根据表情特征的形状对部分人脸区域进行变形采样，所以不能充分捕获人脸肌肉所包含的与表情有关的几何信息；②传统卷积层的随机参数初始化方法会造成模型收敛慢和精度低的问题。因此，本章在上一章提出的四元数 CNN 模型的基础上做了进一步改进，提出了可变形四元数 Gabor 卷积神经网络（Deformable Quaternion Gabor Convolutional Neural Network，DQG-CNN）来完成 FER 任务。

在 DQG-CNN 模型中，同样使用 QGA-CNN 模型中的四元数卷积层、四元数全连接层和其他一些基本的四元数层来代替传统的实值层。与 QGA-CNN 模型不同的是，本章在 DQG-CNN 模型中引入了一个可变形层来增加网络模型对图像中特定区域进行自适应变换的能力，可变形层能借助采样点的偏移量使被卷积核采样的区域能自由地变形，而这些偏移量可以在模型训练过程中获得。除此之外，四元数卷积层的初始化方式改为了以四元数 Gabor 特征作为初始值，而不是采用传统的均匀分布或正态分布的随机值初始化方式。这些被四元数 Gabor 特征赋予初始值的参数是可学习的，且能在

* 本章的主要内容发表在 IEEE International Conference on Image Processing（ICIP），2020，1696-1700。

模型训练的过程中通过反向传播算法进一步更新。改变了初始化方法后的卷积操作具备了Gabor滤波器的特征提取能力，使DQG-CNN模型能提取更丰富和更具判别性的特征，并且加快了整个模型的收敛速度。

与传统人脸表情识别的方法相比，DQG-CNN模型发挥了三种技术的优势。基于四元数CNN的模型利用了图像颜色通道之间的相关性，提出的DQG-CNN模型还通过可变形层和新的参数初始化方式赋予了DQG-CNN模型处理空间特征的能力。在实验中，通过比较DQG-CNN和对比模型(即没有四元数Gabor层的四元数网络以及结构相同的实值网络)的实验结果，来验证DQG-CNN模型中重要部件的有效性；然后在表情数据集上，将DQG-CNN模型的实验结果分别与QGA-CNN以及其他人脸表情识别方法的结果相比较，来验证DQG-CNN模型是否具有更具竞争力的表现。

3.2 可变形层和参数初始化理论

可变形层最早由Dai等在2017年ICCV会议上提出。所提出的可变形层主要分为两种类型：可变形卷积层、可变形池化层，这两种类型的可变形层级结构在实验中已被证明能有效增强网络模型的几何变换能力。

在卷积核的正方形网格采样区间中增加一个二维的偏移量，令采样的网格区域可以随特征形状自由地变形，这样构成了可变形卷积层。这些偏移量是通过额外的层级结构从网络模型内部的特征图中学习到的。因此，可变形卷积层就能以局部和自适应的方法提取到与特征相关的信息。此外，可变形池化层也是在常规池化层的每个分区中添加一个偏移量。同理，可变形池化层也是从网络模型内部的特征图中学习到偏移量，实现自适应地定位到输入图像的特殊区域。

这两种被提出的可变形层都是轻量级的，它们都只需要少量的参数和计算量来得到对应的偏移量。此外，这些可变形层能够被任意放置在网络模型的任何位置，并且它们能够由端到端的标准反向传播运算来更新偏移量等参数。

在深度学习中，网络模型的参数初始化(weight initialization)是指在对模型进行训练之前，对模型中各个节点的权重或是偏置项进行一个初始化的赋值，选择合理的初始化方法对网络模型的收敛速度和识别精度都有着十分关键的作用。在网络模型中，训练的本质就是对模型参数不停地迭代和更新，从而让其达到最佳的效果。但是伴随着网络模型层数的不断叠加，梯度消失和梯度爆炸这类问题在网络训练时极易出现。因此，对模型参数的初始化需要被充分考虑，一个有效的参数初始化方法虽然不能完全消除这类问题所带来的影响，但是能缓解这两个问题对整个模型性能的负面作用，且对提升模型的收敛速度和识别精度十分有益。在传统卷积神经网络中，常见的参数初始化包括正态随机初始化、均匀随机初始化、正态化的 Glorot 初始化、标准化的 Glorot 初始化等。虽然这些初始化方法具有一定的普遍性和通用性，但是由于它们在给模型赋值时带有随机性，因此，在 FER 任务中，这些初始化方法容易存在网络收敛速度慢和模型精度不够等问题。

3.3 可变形四元数 Gabor 卷积神经网络

在第二章，QGA-CNN 解决了图像通道之间相关信息未充分利用和权重分配不合理的问题。针对传统卷积操作在对人脸图像进行局部信息采样时没有自适应变形的能力，以及传统 CNN 的随机参数初始化方法会造成模型收敛慢和精度低的问题，本章提出了可变形四元数 Gabor 卷积神经网络(DQG-CNN)来完成彩色人脸表情识别的任务。在 DQG-CNN 模型中，首先介绍了可变形层，它可以令卷积采样区域自适应地变形以适应图像中的纹理信息；然后介绍了四元数卷积层采用的四元数 Gabor 特征初始化方式；最后介绍了 DQG-CNN 的整体框架。

3.3.1 可变形层

受到可变形卷积神经网络的启发，本章在模型中引入了可变形层。可变形层能有效地增强模型对几何信息的提取能力，因此，它在本章的 DQG-CNN 模型中将作为一个重要的部件被使用。可变形层的实现方法是在卷积层的采样网格上添加若干二维的偏移量，使得被采样的区域能够在训练的过程中自由变形。在整个模型中，这些偏移量都是通过可变形层从输入的特征中学习得来的，于是，根据输入图像的特征，采样网格的变形以局部的、密集的和自适应的方式来实现。

具体来说，实现可变形层在采样区域里增加额外偏移量，需要以下两个步骤：①在输入特征图上使用网格 R 进行采样点的提取；②对图像中采样的像素使用 W 进行加权。

在传统的卷积层中，使用采样网格 R 定义了卷积核的感受区域大小和采样点之间的间隔，即

$$R \in \{(-1,\ -1),\ (-1,\ 0),\ \cdots,\ (0,\ 1),\ (1,\ 1)\} \tag{3.1}$$

上式表示了 3 × 3 卷积核的感受区域大小和间隔为 1 的采样间隔。此外，对于输出特征图 y 上的每一个采样中心点 p_0，都能用下式(3.2)表示：

$$y(p_0) = \sum_{p_n \in R} W(p_n) \cdot x(p_0 + p_n) \tag{3.2}$$

这里的 p_n 表示了网格 R 中的每一个具体采样点的位置。

在可变形层的采样中，采样网格 R 的定义里增加了偏移量 $\{\Delta p_n \mid n=1, \cdots, N\}$，这里的 N 是采样网格 R 采样点的总个数，于是，新的采样区域计算方法为

$$y(p_0) = \sum_{p_n \in R} W(p_n) \cdot x(p_0 + p_n + \Delta p_n) \tag{3.3}$$

根据式(3.3)，新的采样点的具体坐标为 $p_n + \Delta p_n$，增加了偏移量的采样区域将会产生变形。同时，由于偏移量 Δp_n 在网络训练过程中可能为小数，因此，最终采样点的具体数值需要使用双线性插值的方法来获得。

在人脸表情图像中，图 3.1 表示了两种不同方式的采样位置，分别为在表情图像上的标准采样点(左)和可变形采样点(右)。在图 3.1 中，顶部表示的是人脸表情图像上的一个激活单元；中部表示的是特征图上 3 × 3 滤波器的采样位置；底部表示的是特征图上 3 × 3 滤波器上各层所有的采样位置。显然，与传统卷积操作(左图)相比，可变形层的采样位置更多地集中在与情绪相关的区域，如嘴角和眼睛附近。

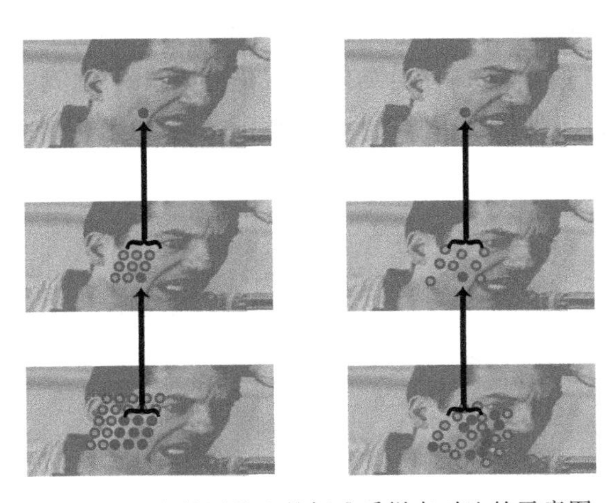

图 3.1　在表情图像上的标准采样点对比的示意图

3.3.2　四元数 Gabor 卷积层

在第二章有关 QGA-CNN 的部分对四元数 Gabor 滤波器已经有了充分的介绍，由于它是具有特定频率和方向的正弦波，于是使用四元数 Gabor 滤波器非常适合从彩色人脸图像中提取特定的频率特征。在常规的卷积神经网络中，传统的均匀分布或正态分布的随机值初始化方法不能使模型中的卷积核有类似于 Gabor 滤波器的特性。因此，在本章提出的可变形四元数 Gabor 卷积神经网络中，四元数卷积层初始化的方式改为了不同方向和尺度的四元数 Gabor 函数，从而构成四元数 Gabor 卷积层。因此，四元

数 Gabor 卷积层能像 Gabor 滤波器一样有效地从人脸图像中捕获某些特征的空间信息、方向信息和空间频率等。卷积层的初始化参数被设置为四元数 Gabor 函数之后，其参数依然是可学习调整的，在模型训练过程中依然可以通过反向传播算法进行更新，从而更适应人脸表情图像特征的提取。

3.3.3　模型的具体结构

本章提出的可变形四元数 Gabor 卷积神经网络(DQG-CNN)如图 3.2 所示。DQG-CNN 主要由四元数批归一化层、可变形层、四元数 Gabor 卷积层、四元数全连通层和四元数非线性层组成。在表情数据集中，人脸图像首先由 MTCNN 的人脸检测方法进行定位和裁剪，人脸图像尺寸被统一固定为 96 × 112 × 3；随后，这些人脸图像数据被转化为四元数矩阵的形式，并且输送给四元数批归一化层，四元数批归一化层后面紧跟着可变形层和四元数 Gabor 卷积层；然后，它们的输出被进一步连接到四元数全连接层；紧接着，Softmax 层将这些分类结果归一化到 0 和 1 之间；最后，这七类表情进行归一化后结果最大的即为模型预测的表情类别。在 FER 任务中，DQG-CNN 的整体框架如图 3.2 所示。

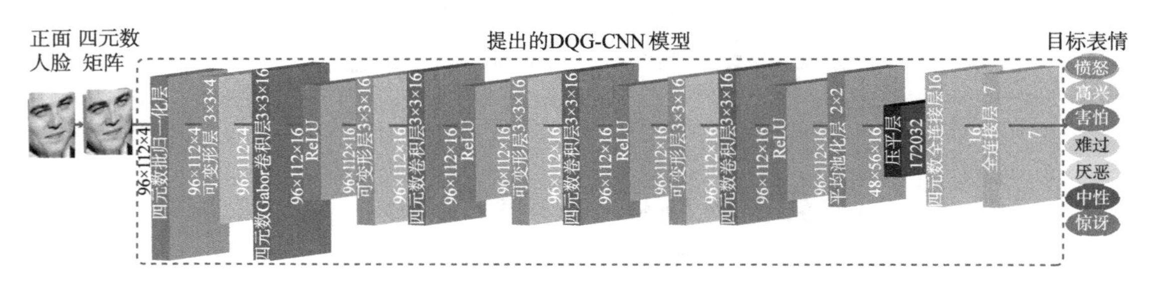

图 3.2　DQG-CNN 的整体模型框架图

3.4　实验及结果分析

本节介绍的是对上述 DQG-CNN 模型在实验室和户外环境的表情数据集上进行的评估实验。3.4.1 节介绍参与对模型评估的表情数据集；3.4.2 节说明了网络模型在数据集中的实验设置；3.4.3 节展示了与 DQG-CNN 进行对比的消融实验结果；3.4.4 节将 DQG-CNN 模型在各个数据集上的评估结果与 QGA-CNN 以及已有的方法进行了对比验证。

3.4.1 数据集

为了得到 DQG-CNN 在人脸表情识别任务中的表现性能，本章的评估实验也在两个实验室控制表情数据集以及一个户外表情数据集上进行，所采用数据集的部分人脸表情如图 3.3 所示，Oulu-CASIA 为图中第一行，MMI 为图中第二行，SFEW 为图中最后一行。因为 DQG-CNN 模型是在 QGA-CNN 模型基础上做出的改进，因此，对 DQG-CNN 模型进行实验评估的人脸表情数据集与第二章所使用的一致。

图 3.3 在实验中所用数据集中的图像样例

3.4.2 实验环境及参数设置

本节对 DQG-CNN 模型性能的评估与对 QGA-CNN 模型性能评估时的实验环境一样，并且其对比模型都使用相同的训练环境和训练数据。在 DQG-CNN 模型中，四元数 Gabor 初始值的参数被设置为 $\sigma = 5$，$\lambda = 8$，16，$\psi = 0$、$\theta = 0$、$\pi/4$、$\pi/2$、$3\pi/4$、$\gamma = 0.5$，1。

3.4.3 消融实验

为了验证 DQG-CNN 模型的有效性，本节设计了两个对比模型在实验室和户外环境的表情数据集上与 DQG-CNN 模型进行实验评估。通过对比实验，可以得到 DQG-CNN 模型中各个不同部件对表情识别任务的作用。两个对比的模型分别是四元数卷积层代替了四元数 Gabor 层的四元数网络和一个与 DQG-CNN 模型结构相同的实值网络。

图 3.4 给出了 DQG-CNN 模型和两个对比模型在实验室和户外环境表情数据集上的对数损失函数的变化。与对比模型(四元数网络和实值网络)相比，本书提出的 DQG-CNN 模型收敛速度快，由于它的第一个卷积层是用四元数 Gabor 函数进行初始化，在实验中均得到了较其他对比模型还小的对数损失值。

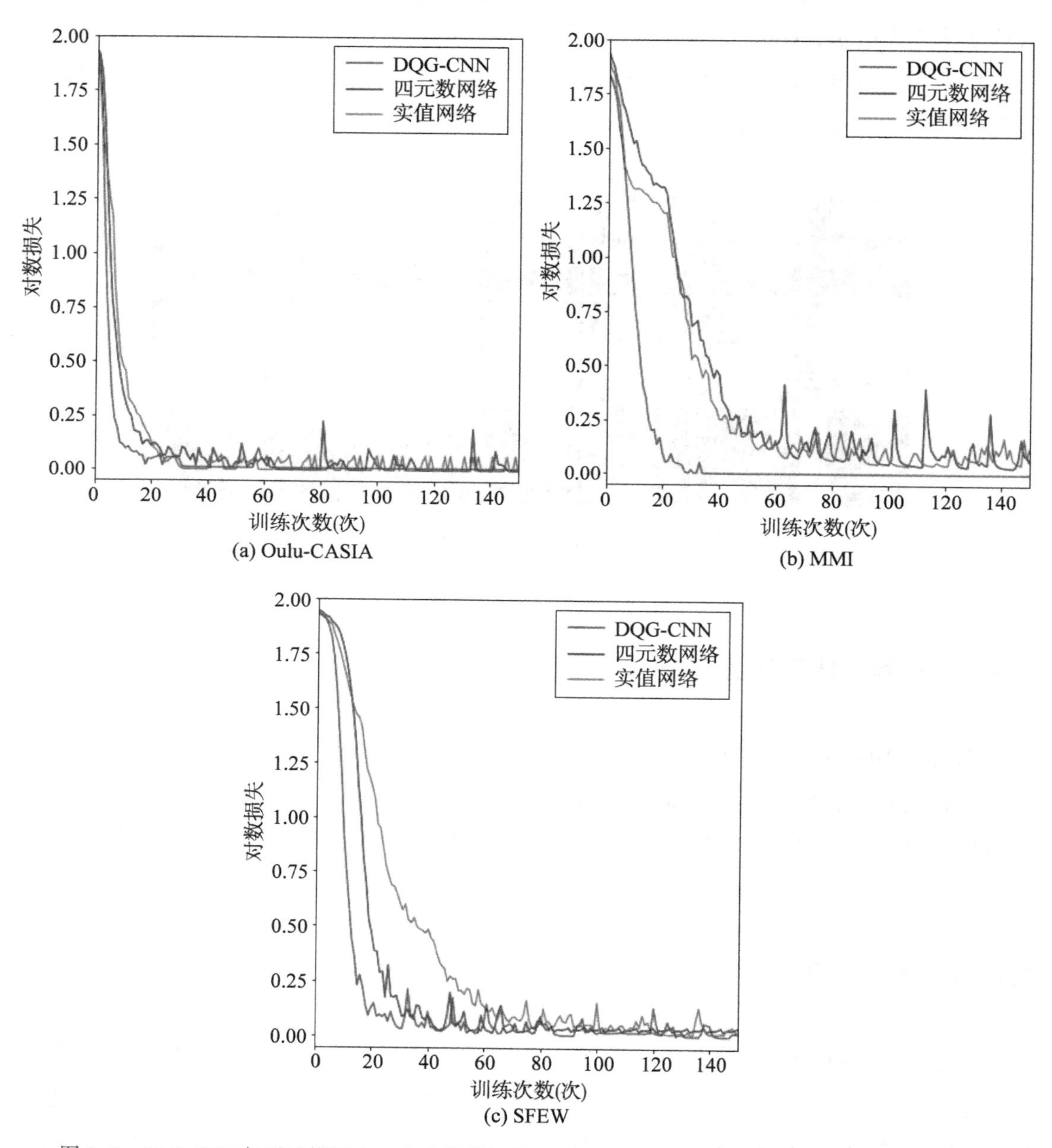

图 3.4　DQG-CNN 与对比模型在三个表情数据集上损失函数变化的曲线(书后附彩色版本插图)

从图 3.5 中 Oulu-CASIA 数据集的混淆矩阵可以看出，本书提出的 DQG-CNN 模型对七种表情类别的识别准确率都达到 98%以上。对厌恶、高兴、难过和惊讶的表情，DQG-CNN 模型的识别准确率甚至达到了 100%。该结果也说明在不同的表情类别中，DQG-CNN 模型的泛化能力十分优秀。从图 3.5 中 MMI 数据集的混淆矩阵可以看出，DQG-CNN 模型对所有表情类别的识别准确率都在 97%以上。在实验中，对愤怒、害怕、高兴和难过的表情可以达到了 100%，但其他一些表情会被错误识别。总体来说，DQG-CNN 模型对不同的表情都表现出很好的泛化能力。从图 3.5 中 SFEW 的混淆矩阵可以看出，DQG-CNN 模型对厌恶表情的识别准确率达 95%以上，对害怕和难过表情的识别准确率达 60%以上，对其他表情的识别准确率均在 50%以下。由于图像来自不同的电影截图，其中的人物会有不同的头部姿势和一定的遮挡以及光照变化，因此，模型在这个户外环境条件数据集上的总体识别率没有在其他两个实验室控制条件下的

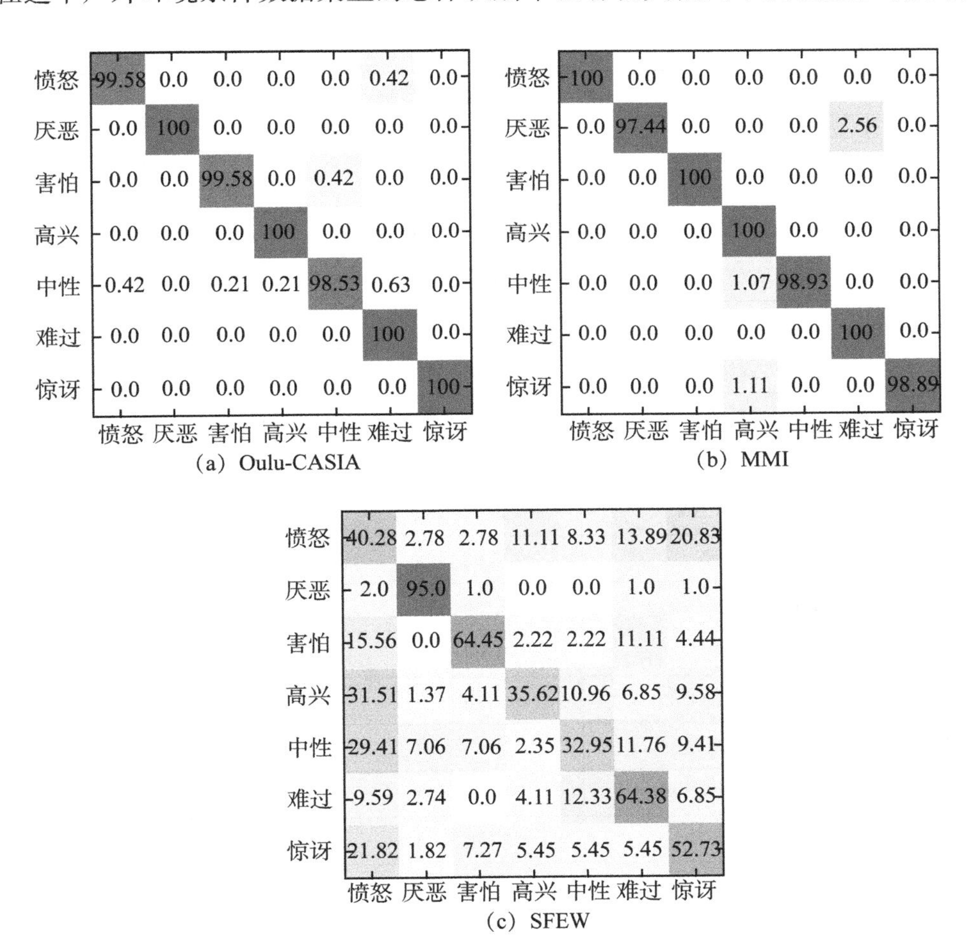

(a) Oulu-CASIA (b) MMI (c) SFEW

图 3.5 DQG-CNN 模型在三个表情数据集上的混淆矩阵

数据集上的总体识别率高。

3.4.4　与其他方法的对比

表 3.1 列出了本章提出的 DQG-CNN 模型、对比的四元数网络模型、与 DQG-CNN 网络结构相同的实值网络模型以及一些相近方法的识别精度。此外，表 3.1 还将 DQG-CNN 模型与上一章提出的 QGA-CNN 模型也进行了最终精度的比较。在 Oulu-CASIA 和 MMI 数据集中，按照与其他工作相同的训练策略，分别抽取图像序列中的最后三帧和中间三帧作为目标表情的图像集合，对 QGA-CNN 模型进行十折交叉的训练。引用的其他表情识别方法数据都来自它们原始的论文。

表 3.1　**DQG-CNN 模型与其他模型表情识别的对比**

数据集	方法	选择的训练数据	精度	年份
Oulu-CASIA	Spatio-temporal network	最后三帧	86.25%	2017
	IDFERM	最后三帧	88.25%	2019
	STC-NLSTM	最后三帧	93.45%	2018
	实值网络	最后三帧	96.88%	2020
	LBP	最后三帧	96.90%	2009
	四元数网络模型	最后三帧	97.63%	2020
	LDN	最后三帧	98.10%	2012
	QGA-CNN	最后三帧	99.48%	2020
	DQG-CNN	最后三帧	99.58%	2020
MMI	AUDN	中间三帧	75.85%	2015
	Spatio-temporal network	中间三帧	81.18%	2017
	LBP	中间三帧	81.70%	2009
	STC-NLSTM	中间三帧	84.53%	2018
	实值网络	中间三帧	95.24%	2020
	四元数网络模型	中间三帧	98.12%	2020
	SH-FER	中间三帧	98.33%	2015
	QGA-CNN	中间三帧	99.12%	2020
	DQG-CNN	中间三帧	99.36%	2020

续表

数据集	方法	选择的训练数据	精度	年份
SFEW	AUDN	训练集与验证集	30. 14%	2015
	CycleAT	训练集与验证集	30. 75%	2018
	E-Gabor	训练集与验证集	35. 40%	2017
	CNN-base	训练集与验证集	38. 50%	2018
	实值网络	训练集与验证集	38. 90%	2020
	四元数网络模型	训练集与验证集	39. 24%	2020
	DAM-CNN	训练集与验证集	42. 30%	2019
	QGA-CNN	训练集与验证集	44. 12%	2020
	DQG-CNN	训练集与验证集	45. 86%	2020

从表 3. 1 中可以看出，DQG-CNN 模型的识别准确率明显高于其他方法，在 Oulu-CASIA 数据集上，DQG-CNN 模型的识别率比其他识别率最高的先进模型高出了 1. 48%，并且它也比 QGA-CNN 模型的识别精度高出了 0. 1%。在 MMI 数据集上，DQG-CNN 模型比其他先进模型的识别率也高出了 1. 03%，比 QGA-CNN 模型的识别率也高出了 0. 24%。在 SFEW 数据集上，DQG-CNN 模型的识别率比最先进表情识别方法的识别率提高了 3. 56%，比 QGA-CNN 的识别率也高出了 1. 74%。该结果也证明了相比于 QGA-CNN 模型，添加了可变形层和四元数 Gabor 参数初始化方法的 DQG-CNN 模型在 FER 任务上的效果更好。

此外，DQG-CNN 模型在 Oulu-CASIA、MMI 和 SFEW 数据集上的识别准确率均明显高于用四元数卷积层代替四元数 Gabor 层的四元数网络模型，该对比实验的结果证明了 DQG-CNN 模型中可变形四元数 Gabor 层的有效性。除此之外，DQG-CNN 模型在 Oulu-CASIA、MMI 和 SFEW 数据集上的识别精度也比相同结构的实值 CNN 模型分别都高，该对比实验的结果也证明四元数结构的 DQG-CNN 模型在彩色表情识别任务中比传统实值 CNN 模型的识别效果要更好。总的来说，对比实验的结果显示，四元数模块和可变形 Gabor 卷积层都对模型最终的识别效果有非常大的帮助。

3.5 本 章 小 结

本章在上一章 QGA-CNN 模型的基础上，提出了 DQG-CNN 模型用于 FER 任务，它能进一步提升模型对表情特征的处理能力和识别精度。QGA-CNN 模型同样是基于四元数表示，对彩色图像进行整体的处理，并引入了一个可变形层来增强网络模型对图像中某些区域几何变换的能力。另外，模型还采用四元数 Gabor 特征来初始化四元数卷积层，使四元数 Gabor 滤波器纳入了四元数 CNN 模型的框架中。相比于端到端随机初始化的卷积模板，使用预定 Gabor 滤波器作为初始参数的卷积能更快收敛和更容易获得具有判别性的特征。

与 QGA-CNN 模型以及其他先进方法相比较的实验结果表明，本章所提出的 DQG-CNN 模型整体上能获得更高的识别精度。与消融实验中的对比模型相比，该网络模型在训练中的收敛速度要快于其他的对比模型且获得较低的对数损失值。尽管本章提出的 DQG-CNN 模型在实验室控制表情数据集 Oulu-CASIA 和 MMI 上获得了优异的表现，并优于其他一些先进的表情识别方法，但在户外条件下的数据集 SFEW 上，该模型的识别精度还是没能达到令人满意的效果。因此，针对户外条件的数据集中人脸表情识别的四元数网络模型在下一章将被提出。

第 4 章 基于四元数胶囊网络的人脸表情识别*

本章针对 CNN 无法利用特征之间位姿信息和空间关系的问题，提出了将四元数理论与胶囊网络相结合，构成四元数胶囊网络来完成 FER 任务。由于 CNN 是以标量的形式传递特征，这种方式无法表示特征之间的位姿信息和空间关系，而胶囊网络则是以向量集合的形式传递特征组合，这种胶囊结构可以有效表示特征的位姿和空间信息进而提高识别的精度。此外，依据人脸的表情实际上由若干特定面部肌肉来控制这一理念，提出了将区域注意力机制引入四元数胶囊网络中来划分人脸关键区域，并合理分配权重到这些关键区域。

4.1 特征位姿信息和人脸分割问题的解决方法

传统的卷积神经网络会忽视表情特征位姿信息和空间关系在图像中的作用，可能把一个五官错位的伪造图像误认为是人脸，使模型不具备对人脸五官或者特征空间信息的鉴别能力，进而造成表情识别能力的下降。为了能利用好图像中表情特征的位姿信息和空间关系，本章采用了胶囊网络(Capsule Network，CapsNet)的结构并将其用于 FER 任务。CNN 模型通常是采用标量的形式来代表特征，无法表示特征之间的位姿信息和空间关系。而 CapsNet 模型则是以向量集合的形式传递特征组合，该结构可以有效表示特征的位姿和空间信息进而提高识别的精度。具体来说，CapsNet 模型使用向量集合形式的特征输出代替 CNN 模型中标量形式的特征输出，而这些向量集合(又称胶囊)都包含若干个神经元来表示图像中特定实体的不同属性，如位姿(位置、大小、方向)、变形、纹理等。此外，CapsNet 模型还采用了协议路由算法，通过迭代聚类更新系数，并将相关特征由前一层胶囊发送到下一层胶囊。这些性质令 CapsNet 模型可以考虑到人脸表情部件之间的空间关系，不会将具有姿态变化的人脸表情图像里像眼睛、鼻子、嘴巴等部件的相对空间位置关系弄混淆。

---

* 本章的主要内容发表在 IEEE Transactions on Emerging Topics in Computational Intelligence，2022，6(4)：893-912。

此外，受到人脸表情实际上是由若干特定脸部肌肉所控制这一事实的启发，本章提出的模型试图将整张人脸分解为五个与表情相关的面部区域（如眼睛、鼻子、左右脸颊和嘴巴）。在分解过程中，考虑到户外场景条件下收集到的人脸表情数据往往会因为头部的偏转而出现自遮挡的现象，模型采用了人脸的对称性对遮挡部分进行替换，最终得到五个与表情相关的人脸区域。将得到的与表情相关的人脸区域分别送到模型的注意力分支中进行综合判断，在此基础上输出对人脸表情最终的识别结果。

本章主要提出了一种具有区域注意力机制的四元数胶囊网络（Quaternion Capsule Network，Q-CapsNet）。模型利用CapsNet的结构来处理图像的人脸肌肉和姿态的变化，还在Q-CapsNet中引入了区域注意力机制，根据面部肌肉和头部姿态将模型的中间特征划分为五个与表情相关的局部区域。所提出的网络模型分别在公开的实验室控制条件下收集到的表情数据集（MMI和Oulu-CASIA）和户外场景条件下收集到的表情数据集（RAF-DB和SFEW）上进行了实验评估，并使用可视化技术来验证模型在实验中的结果。最后，在实验室和户外环境的表情数据集上，将四元数胶囊网络的识别精度与前两章的四元数网络模型以及一些其他方法的识别精度进行了对比。

4.2　胶囊网络理论

胶囊网络是图灵奖得主Geoffrey Hinton等于2017年在NeurIPS上提出的一种全新的神经网络，这种网络包含了一种称作胶囊（Capsule）的结构，这些胶囊与卷积神经网络（CNN）相互补充，从而共同在对图像信息的处理上取得了非常好的成绩。胶囊网络被提出的主要动机是，虽然CNN模型在计算机视觉的任务中表现良好，但CNN模型也存在许多不足之处。例如，CNN模型会使用池化操作来减少网络的计算量和降低特征维度，但池化操作的过程容易丢掉层与层之间有价值的空间信息。在现实中，一张五官错位的人脸图像很容易就被人眼识别出问题，但CNN模型会因为这张图像包含了人脸的所有组成部分，而误判这就是真实的人脸。因此，许多研究认为CNN模型丢失掉了特征的位姿和空间等信息，其结构仅仅关注了图像中的局部特征而对常见的图片产生了错误的判断。胶囊网络模型的提出正是为了弥补CNN模型的不足，它的输出由向量集合的形式代替CNN模型中的标量的形式，并且还将传统神经网络中的单个神经元替换成了合在一起的一组神经元，这些被“包裹”在一起的神经元组成的结构叫作胶囊。每个胶囊包含若干个神经元，它们可以用来表示图像中特定实体的不同属性，如位姿（位置、大小、方向）、形变、纹理等。胶囊网络中的每一层都有多个称为胶囊的基本单元，层与层之间的信息通过动态路由算法进行交互传递。每一个胶囊都会以一个活动向量作为输出，活动向量的方向代表了图片中实体的属性，而活动向量的长度则代表了图片中该实体存在的概率。此外，胶囊网络层与层之间还使用了动态路由算法代替卷积神经网络中的池化操作。动态路由算法在更新系数时采用迭代聚类的方式，并将相关特征发送到下一个层的胶囊。整个胶囊网络通过动态路由的迭代算法调整低层胶囊和高层胶囊之间的连接，以获取不同特征之间的空间位置关系。胶囊网络的这些特性使得模型可以考虑到局部特征之间的相对位置关系，不会将诸如眼睛、鼻子、嘴巴等错位的图像误认为人脸。

2017 年，Hinton 和他的同事提出胶囊网络的这个概念之后，有很多研究者在此基础上做了扩展。2018 年，Sabour 等提出利用转换矩阵可以在低层次的胶囊和高层次的胶囊之间做姿态预测，然后在迭代更新系数时也采用动态路由算法，将低级别胶囊与高级别胶囊进一步聚合。近年来，又有许多新的胶囊网络被陆续提出，例如，Kosiorek 等通过提取物体各部分之间的几何关系，提出了堆叠胶囊自动编码器(Stacked Capsule Autoencoder)。Rajasegaran 等提出了一种使用 3D 卷积和动态路由算法的深度胶囊网络架构。大量的计算机视觉任务中都出现了扩展版的胶囊网络，如在图像生成、视频分割、图像识别等任务中。

一个基本的胶囊网络一般包括以下五层：①输入层，主要提供图片输入网络模型的入口；②卷积层，用于对输入图像提供初步的特征提取；③主胶囊层(Primary Capsule)，将提取到的特征由标量形式转变为向量形式的胶囊结构；④数字胶囊层(Digital Capsule)，将主胶囊层中传递来的向量通过动态路由算法进一步提取为高维特征；⑤输出层，将胶囊转化为标量，根据标量的数值输出对图像分类的结果。胶囊网络的核心部分就是胶囊结构与动态路由算法。胶囊层之间的动态路由算法过程如算法 4-1 所示。

在算法 4-1 中，主胶囊 l 层的胶囊 i 中有一个活跃的向量 u_i 用于把空间信息编码为实例参数的形式。胶囊 i 的输出向量 u_i 会被送到数字胶囊 $l+1$ 层中。数字胶囊 $l+1$ 层的每个胶囊 j 都会收到 u_i 并把它与加权矩阵 W_{ij} 进行点积运算得到 $\hat{u}_{j|i}$，$\hat{u}_{j|i}$ 表示的是主胶囊 i 对数字胶囊 j 的贡献，它的计算方法如下：

$$\hat{u}_{j|i} = W_{ij}u_i \tag{4.1}$$

式(4.1)表示的是将输出向量与加权矩阵相乘，可以得到主胶囊对数字胶囊的预测系数。如果计算得到的预测系数高，那么表明两个胶囊紧密相关，因此会将权值进一步提高；否则的话会减小权重。数字胶囊 $l+1$ 层的每个胶囊 j 最后都会被加权求和为 s_j，它是所有预测向量 $\hat{u}_{j|i}$ 的加权和，它的计算方法如下：

$$s_j = \sum_i c_{ij}\hat{u}_{j|i} \tag{4.2}$$

式中，c_{ij} 是由动态路由过程确定的耦合系数。胶囊 i 与其他胶囊之间的耦合系数总和为 1，不同耦合系数的具体值是由一个初始的对数值 b_{ij} 来确定的，这个对数值的求解方法利用了一个非线性函数：

$$c_{ij} = \frac{\exp(b_{ij})}{\sum_k \exp(b_{ik})} \tag{4.3}$$

最后，该胶囊层输出的向量值都会被使用非线性函数“squashing”来压缩，确保短向量的长度被压缩到几乎为零，长向量的长度被压缩到略低于 1。这个“squashing”的非线性函数可以表示为

$$v_j = \frac{\| s_j \|^2}{1 + \| s_j \|^2} \cdot \frac{s_j}{\| s_j \|} \tag{4.4}$$

这里，v_j 是胶囊 j 输出的向量，s_j 是上一层预测向量加权的总和。

算法 4-1：动态路由算法

输入： 主胶囊 i 的输出向量 u_i 与加权矩阵 W_{ij} 进行运算得到的 $\hat{u}_{j|i}$

输出： 数字胶囊 j 输出的向量 v_j

步骤 1： 进行路由算法 ROUTING($\hat{u}_{j|i}$， r， l)

步骤 2： for 对于 l 层的所有胶囊 {1，2，…，i} 和 (l + 1) 层所有的胶囊 {1，2，…，j}：$b_{ij} \leftarrow 0$

步骤 3： for {1，2，…，r} do

步骤 4： for 对于 l 层的所有胶囊 {1，2，…，i}：$c_i \leftarrow \text{softmax}(b_i)$

步骤 5： for (l + 1) 层所有的胶囊 {1，2，…，j}：$s_j \leftarrow \sum_i c_{ij} \hat{u}_{j|i}$

步骤 6： for (l + 1) 层所有的胶囊 {1，2，…，j}：$v_j \leftarrow \text{squash}(s_j)$

步骤 7： for 对于 l 层的所有胶囊 {1，2，…，i} 和 (l + 1) 层所有的胶囊 {1，2，…，j}：

$b_{ij} \leftarrow b_{ij} + \hat{u}_{j|i} \cdot v_j$

步骤 8： 输出 v_j

4.3　具有区域注意力机制的四元数胶囊网络

本章提出的 Q-CapsNet 模型主要是为了解决 CNN 模型忽视了图像中位姿信息和空间关系的问题。此外，受到人脸表情实际上是由若干特定脸部肌肉所控制这一事实的启发，Q-CapsNet 模型还提出了区域注意力机制来分解出与表情相关的人脸区域。在分解过程中，考虑到户外场景条件下收集到的人脸表情数据往往会因为头部的偏转而出现自遮挡的现象，模型采用了人脸的对称性对遮挡部分进行替换，最终得到五个与

表情相关的人脸区域。具体来说，Q-CapsNet 通过胶囊结构提取了图像中表情特征的位姿和空间信息，利用区域注意力机制分解了与表情相关的区域。在提出的 Q-CapsNet 模型中，主要使用了四元数卷积胶囊层和四元数全连接胶囊层等基础组件，另外还引入了区域注意力机制到 Q-CapsNet 中，以增强模型的鲁棒性。关于模型中四元数胶囊网络的两种基本组件、区域注意力机制和四元数胶囊网络的整体结构将在以下小节中被详细介绍。

4.3.1 模型的基本组件

四元数胶囊网络和传统的卷积神经网络的组件类似，它主要包含四元数卷积胶囊层、四元数全连接胶囊层和若干种非线性层等。以下是对它们的详细介绍。

1. 四元数卷积胶囊层

在四元数域内，需要将三个颜色通道融合为一个整体并处理颜色通道之间的耦合关系。如上文所述，首先将一个尺寸为 $M \times N$ 的 RGB 彩色人脸表情图像表示为一个纯四元数矩阵 $Q_{M\times N}$，即

$$Q_{M\times N} = R_{M\times N}i + G_{M\times N}j + B_{M\times N}k \tag{4.5}$$

这里的 $R_{M\times N}$、$G_{M\times N}$ 和 $B_{M\times N}$ 也是大小为 $M \times N$ 的实值矩阵，代表着彩色图像中三个颜色(RGB)通道。图 4.1 展示了将 RGB 图像转换到四元数域的具体过程。

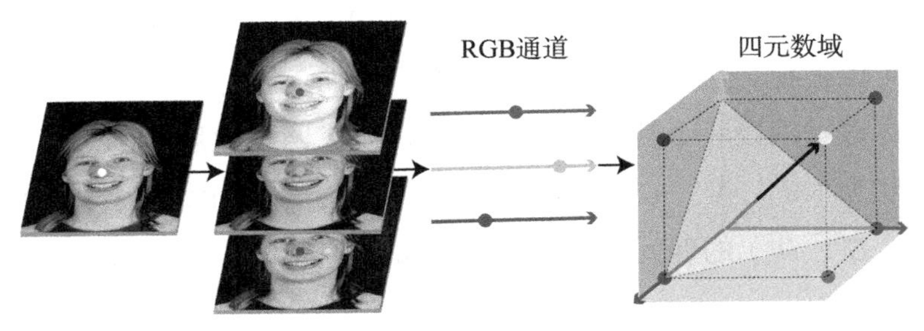

图 4.1 将 RGB 图像转换到四元数域的过程示意图(书后附彩色版本插图)

为了捕获颜色通道之间的相关性并提取几何信息，四元数卷积胶囊层中的四元数卷积核将与以上的四元数矩阵进行卷积操作。在四元数卷积胶囊层中，四元数卷积核 κ 被表示为

$$\kappa = W + Xi + Yj + Zk \tag{4.6}$$

其中，W、X、Y 和 Z 都是相同大小的实值矩阵。因为四元数矩阵 $Q_{M\times N}$ 和四元数卷积

核 κ 都是四元数的形式，所以它们用四元数卷积操作进行卷积。卷积的过程如下：

$$Q_{M\times N}\otimes\kappa=[1\quad i\quad j\quad k]\cdot\left(\begin{bmatrix}0 & -R & -G & -B\\ R & 0 & -B & G\\ G & B & 0 & -R\\ B & -G & R & 0\end{bmatrix}\otimes\begin{bmatrix}W\\ X\\ Y\\ Z\end{bmatrix}\right)\tag{4.7}$$

与标准的卷积操作一样，四元数卷积胶囊层也需要设置超参数，包括卷积核的大小、填充、步幅、四元数胶囊的数量(也称为四元数胶囊的通道)和四元数胶囊的维度。与此同时，四元数矩阵 $Q_{M\times N}$ 会被重塑为四元数胶囊形式 $Q_{(M,\ N,\ C,\ D)}$ 作为四元数卷积胶囊层的输入。其中，M 和 N 为图像的高度和宽度，C 为四元数胶囊的通道，D 为四元数胶囊的维数。在四元数胶囊中，所有特征都被表示成四元数矩阵的形式，因此每个矩阵的每个维度都有四个分量。例如，尺寸为 100 × 100 × 3 的 RGB 彩色图像会被表示成形状为(100，100，1)的四元数矩阵 $Q_{M\times N}$，然后它被重塑为形状为(100，100，1，1)的四元数胶囊 $Q_{(M,\ N,\ C,\ D)}$。

四元数卷积胶囊的具体计算过程为：假定四元数卷积胶囊层为 L，那么根据输入特征的尺寸和给定的超参数(如卷积核大小、填充和步长)可以得到 L 层输出特征的长度 M^L 和宽度 N^L。然后，在 L 层中设定的四元数胶囊通道数 C^L 和四元数胶囊维度 D^L 构成了数量为 $C^L\times D^L$ 的四元数卷积核。因此，当四元数胶囊 $Q_{(M,\ N,\ C,\ D)}$ 作为特征输入到 L 层时，它首先被转换为一个尺寸为 $(M,\ N,\ C\times D,\ 1)$ 的一维四元数张量，然后该张量与数量为 $C^L\times D^L$ 的四元数卷积核进行四元数卷积操作。每个四元数卷积核的尺寸为 $(k^L,\ k^L,\ D)$，其中 k^L 是卷积核的大小。卷积过程一共产生了 $C^L\times D^L$ 个四元数的特征，这些特征可以被视为中间参数并且它们的尺寸是 $(M^L,\ N^L,\ C^L\times D^L,\ C)$。接下来，这些中间参数被乘以一个转换矩阵，并被转换成四元数胶囊的形式，转换后的四元数胶囊的形状为 $(M^L,\ N^L,\ C^L\times D^L,\ 1)$。随后 L 层的四元数胶囊将继续被变换为尺寸为 $(M^L,\ N^L,\ C^L,\ D^L)$ 的四元数胶囊，其中每个胶囊最后都会通过四元数压缩函数进行归一化后再输出。

由于四元数模的长度表征着特征的存在概率，因此非线性的四元数压缩函数就被用来限制四元数胶囊 q^L 模的长度为 0 到 1 的闭区间。四元数压缩函数的定义如下：

$$\|q^L\|=\sqrt{(q_r^L)^2+(q_i^L)^2+(q_j^L)^2+(q_k^L)^2}\tag{4.8}$$

$$\hat{q}^L=\mathrm{squash}(q^L)=\frac{\|q^L\|^2}{1+\|q^L\|^2}\cdot\frac{q^L}{\|q^L\|}\tag{4.9}$$

这里，q^L 是指四元数胶囊，$\hat{q}^L$ 是指被压缩后的四元数胶囊，q_r^L，q_i^L，q_j^L 和 q_k^L 是四元数胶囊 q^L 的四个分量。

四元数胶囊网络采用四元数路由算法连接两个连续的胶囊层，实现将低维特征向高维特征的传递，并且四元数路由算法通过迭代聚类的方式来更新两层之间的系数。四元数路由算法如算法 4-2 的描述，假设四元数卷积胶囊层 L 的输出特征的形状为 (M^L, N^L, C^L, D^L)，并且下一个胶囊层 $L+1$ 输出特征的形状为 $(M^{L+1}, N^{L+1}, C^{L+1}, D^{L+1})$。如果让 u，v 分别代表来自于胶囊层 L 和 $L+1$ 的四元数胶囊，并且 $x \in M^{L+1}$，$y \in N^{L+1}$，$i \in C^{L+1}$ 和 $j \in C^L$ 表示四元数特征的尺寸。在模型中，两个卷积胶囊层之间的变换是由四元数卷积运算来计算的，这一过程被表示为 $\hat{u} = K \otimes u$。这里，K 是数量为 $C^{L+1} \times D^{L+1}$ 并且尺寸大小为 (k^{L+1}, k^{L+1}, D^L) 的四元数卷积核，k^{L+1} 是卷积胶囊层 $L+1$ 的卷积核尺寸。$w_{xyij} \in W$ 是中间参数的系数，路由对数 $b_{xyij} \in B$ 被初始化为 0。

算法 4-2：四元数卷积胶囊层的四元数路由算法

输入： 低维四元数胶囊 u；迭代次数 r；四元数卷积核 K；中间参数的系数 $w_{xyij} \in W$；路由对数 $b_{xyij} \in B$；特征的尺寸为 M^{L+1}，N^{L+1}，C^{L+1} 和 C^L

输出： 高维四元数胶囊 v

步骤 1： 完成路由算法 ROUTING$(u, r, K, w_{xyij}, b_{xyij})$

步骤 2： 四元数卷积操作 $\hat{u} = K \otimes u$

步骤 3： 路由对数值初始化 $b_{xyij} \leftarrow 0$；令 $x \in M^{L+1}$，$y \in N^{L+1}$，$i \in C^{L+1}$ 和 $j \in C^L$

步骤 4： for $\{1, 2, \cdots, r\}$ do

步骤 5： for 所有的中间参数的系数 $\{1, 2, \cdots, x\}$，$\{1, 2, \cdots, y\}$，$\{1, 2, \cdots, i\}$：

$$w_{xyij} = \text{softmax}(b_{xyij}) = \frac{\exp(b_{xyij})}{\sum_x \sum_y \sum_i \exp(b_{xyij})}$$

步骤 6： for $\{1, 2, \cdots, j\}$，参数变换：$s_{xyi} = \sum_j w_{xyij} \cdot \hat{u}_{xyij}$

步骤 7： for $\{1, 2, \cdots, j\}$，压缩函数：$v_{xyi} = \text{squash}(s_{xyi})$

步骤 8： for $\{1, 2, \cdots, j\}$，计算一致性：$a_{xyij} = v_{xyi} * \hat{u}_{xyij}$

步骤 9： for $\{1, 2, \cdots, j\}$，路由对数更新：$b_{xyij} = b_{xyij} + a_{xyij}$

步骤 10： 输出 v

根据实际经验，设置两个连续的四元数卷积胶囊层之间进行 1～3 次如算法 4-2 所示的四元数路由算法，其计算过程如图 4.2 所示。胶囊层 L 中 C^L 个尺寸大小为 (M^L, N^L, D^L) 的四元数胶囊张量(最左侧的三个方块)，每个方块都通过四元数卷

积计算来得到 C^{L+1} 个四元数胶囊(除最左侧 3 个和最右侧 5 个之外的中间部分方块)。C^L 组四元数胶囊被加权系数 w_{xyij} 加权得到单个的预测值 $s_{xyi} \in S$，并被送入压缩函数中。在 $v_{xyi} \in V$ 和 $\hat{u}_{xyij} \in U$ 之间的中间系数 a_{xyij} 被以四元数乘法的方式计算，它可以表示为

$$\begin{aligned} a_{xyij} &= v_{xyi} * \hat{u}_{xyij} = [v_1, v_2, \cdots v_{D^{L+1}}] * [\hat{u}_1, \hat{u}_2, \cdots \hat{u}_{D^{L+1}}] \\ &= v_1 * \hat{u}_1 + v_2 * \hat{u}_2 + \cdots + v_{D^{L+1}} * \hat{u}_{D^{L+1}} \end{aligned} \tag{4.10}$$

最佳中间参数的系数 w_{xyij} 可以通过四元数路由算法的迭代来更新并确定。

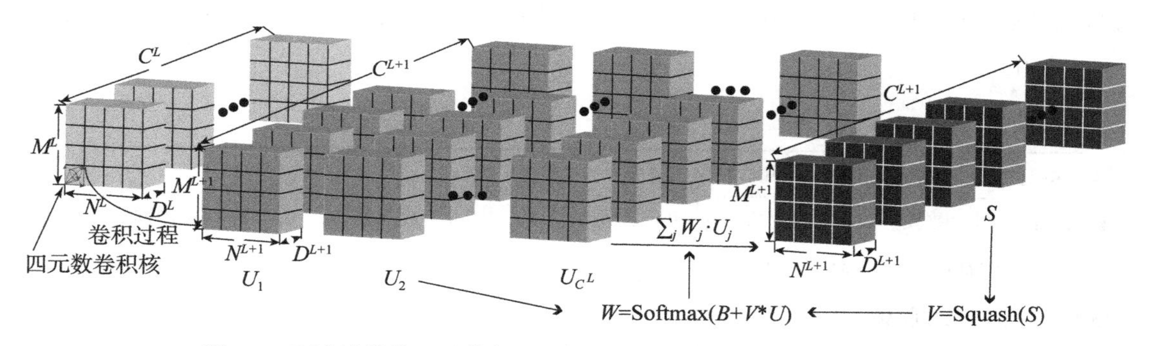

图 4.2　两个连续的四元数卷积胶囊层之间进行四元数路由算法示意图

2. 四元数全连接胶囊层

四元数全连接胶囊层类似于传统神经网络中的全连接层，它从若干四元数卷积胶囊层中接收输入的四元数特征胶囊，然后生成四元数分类胶囊。其路由算法的计算过程如算法 4-3 所描述。假设将尺寸大小为 (M^L，N^L，C^L，D^L) 的四元数特征胶囊 $\hat{Q}^L$ 输入四元数全连接胶囊层，它将首先被变形成为尺寸大小为 (A^L，D^L) 的四元数胶囊矩阵 $\hat{Q}^L{}_{(A^L, D^L)}$，这里的 $A^L = M^L \times N^L \times C^L$。然后，四元数胶囊矩阵 $\hat{Q}^L{}_{(A^L, D^L)}$ 通过可训练的转换矩阵被转换为四元数分类胶囊 $\hat{Q}^{L+1}{}_{(A^{L+1}, D^{L+1})}$，这里的 A^{L+1} 是预设的分类数量，D^{L+1} 是预设的四元数胶囊维度。同理，四元数卷积胶囊层和四元数全连接胶囊层之间也需要专门的四元数路由算法来传递特征。假设 u_n，v_m 分别代表来自于四元数卷积胶囊层和四元数全连接胶囊层的四元数胶囊，这里 $m \in A^{L+1}$ 和 $n \in A^L$ 分别代表四元数胶囊的序号。t_{mn} 是尺寸为 (D^L，D^{L+1}) 的转换四元数矩阵，这里的 D^L，D^{L+1} 代表两个层的维度，w_{mn} 是中间参数的系数，且路由对数 b_{mn} 被初始化为 0。

算法 4-3：四元数卷积胶囊层和四元数全连接胶囊层的四元数路由算法

输入： 低维四元数胶囊 u_n；迭代次数 r；变换四元数矩阵 t_{mn}；中间参数的系数 w_{mn}；路由对数 b_{mn}

输出： 高维四元数胶囊 v

步骤 1： 进行路由算法 ROUTING(u, r, K, w_{mn}, b_{mn})

步骤 2： 参数变换 $\hat{u}_{m|n} = t_{mn} \times u_n$

步骤 3： 路由对数值初始化 $b_{xyij} \leftarrow 0$；令 $m \in A^{L+1}$ 和 $n \in A^L$

步骤 4： for {1, 2, …, r} do

步骤 5： for 中间参数 {1, 2, …, m}：

$$w_{mn} = \text{softmax}(b_{mn}) = \frac{\exp(b_{mn})}{\sum_m \exp(b_{mn})}$$

步骤 6： for {1, 2, …, n}，参数变换：$s_m = \sum_n w_{mn} \cdot \hat{u}_{m|n}$

步骤 7： for {1, 2, …, n}，压缩函数：$v_m = \text{squash}(s_m)$

步骤 8： for {1, 2, …, n}，计算一致性：$a_{mn} = v_m * \hat{u}_{m|n}$

步骤 9： for {1, 2, …, n}，路由对数更新：$b_{mn} = b_{mn} + a_{mn}$

步骤 10： 输出 v_m

在四元数卷积胶囊层和四元数全连接胶囊层之间进行四元数路由算法，共迭代了1~3次。如图4.3所示，四元数矩阵 t_{mn} 编码了图像中包含主要特征的四元数特征胶囊 u_n（即眼睛、嘴巴和鼻子）到四元数分类胶囊 v_m（七种人脸表情）。模型通过四元数路由算法将低级特征转换为高级特征。

4.3.2 区域注意力机制

当人类的视觉系统或计算机来执行人脸表情识别任务时，它们都倾向于关注与人脸的表情相关的区域而并不是整张脸，这样的方式有利于获得人脸中与表情相关的重要线索。许多心理学和解剖学的相关研究已经证实，人脸的大部分表情只由少数面部肌肉来控制，控制面部的肌肉如图4.4(a)所示。此外，图像中人物的头部姿势对表情识别的精度也有很大影响。虽然已经有一些研究工作是根据人类主观经验来划分表情相关区域，或自动地对人脸不同区域进行加权的，但是，这些人脸分割的方法缺少足够的解剖学理论依据或对头部姿态的估计。因此，本章提出了一种充分利用面部肌肉分布和头部姿态的人脸分割策略，该分割策略在户外条件下对人脸表情识别任务具有

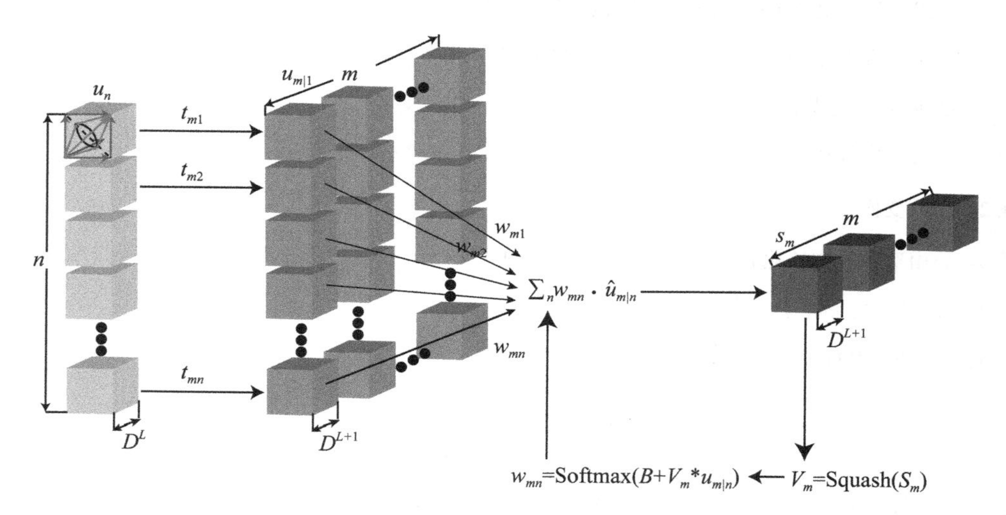

图 4.3　四元数卷积胶囊层和四元数全连接胶囊层之间的四元数路由算法示意图

非常好的鲁棒性。

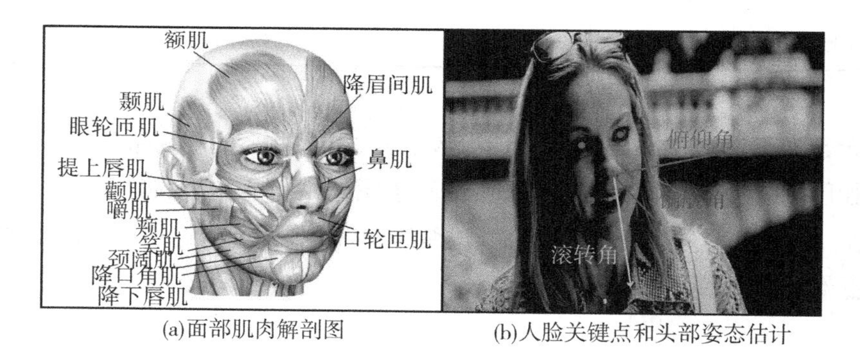

(a)面部肌肉解剖图　　(b)人脸关键点和头部姿态估计

图 4.4　人脸解剖和姿态示意图

与其他视觉任务中常用的区域注意力方法不同，本章提出的人脸分割策略计算了不同的头部姿势并且将面部肌肉划分为不同的区域，进而强调了人脸中与表情相关的区域，减少了图像中冗余的信息。具体来说，该策略首先利用一种已经被广泛使用的人脸检测方法(MTCNN)对图像中的人脸进行识别并且定位人脸中的五个关键特征点，然后直接使用一种成熟的头部姿态估计算法来计算图像中人物头部的偏转角度。

头部姿态估计算法是从图像中计算出人物头部包含偏航、俯仰、滚转角的 3D 矢量，这些角度也被称为晃动(偏航)、点头(俯仰)和倾斜(滚转)，如图 4.4(b)所示。在图像中，依据计算出的滚转角度可以很容易地将人脸调整到一个合适的位置。由于人类头部结构的限制，俯仰角度对人脸表情识别精度的影响也不是十分明显。但是，偏航角度在分割策略中是一个非常重要的因素，如果偏航角度大于设定的阈值(即35度)或小于另一个设定的阈值(即-35度)，则会使左眼和左脸颊(或右眼和右脸颊)在人脸图像中被自我遮挡。为了解决这个问题，模型利用了人脸的对称性，即大多数人脸的两侧通常都会表现出一致的表情状态，只有少部分人脸的两侧表情是不对称的。基于该事实的启发，在图像中，如果人物头部的偏航角度超过了阈值的限制，就可以选择用图像中可见眼睛和脸颊的镜像，来代替被遮挡的眼睛和脸颊，该策略能有效地提高在户外条件下模型对人脸表情识别任务的鲁棒性。

如果图像中人物头部的偏航角度在这个范围以内，那就可以直接根据关键点对人脸进行分割。在对人脸进行分割时，检测的关键点包含了人脸表情图像中的两只眼睛、鼻子、左右嘴角的坐标。根据这些坐标，能计算出两只眼睛之间的距离(EyeWidth)、两只眼睛中心点的坐标(EyeCenter)、嘴的宽度(MouthWidth)、嘴的中心的坐标(MouthCenter)和脸的中心的坐标(FaceCenter)。最后，根据特征图的大小和以上一些人脸参数，同时考虑到人脸结构和肌肉分布，重新计算出五个表情相关局部区域的大小。这五个表情相关的局部区域包含所有与表情相关的面部肌肉，例如眼睛相关肌肉(额肌、眼轮匝肌和降眉间肌)、鼻子相关肌肉(鼻肌)、嘴相关肌肉(口轮匝肌、降下唇肌、降口角肌、颈阔肌和笑肌)、左脸颊和右脸颊相关肌肉(颊肌、嚼肌、颧肌、提上唇肌和颞肌)。然后，该策略使用了几个矩形框覆盖这些对应的面部肌肉，这些矩形框的长度和宽度是由心理学和解剖学的先验知识决定的，表4.1和图4.5详细解释了人脸的分割策略。

表4.1 **裁剪后的局部人脸区域的设置**

局部区域	左方边界	右方边界	上方边界	下方边界
眼睛区域	Lx-EyeWidth * 0.5	Rx+EyeWidth * 0.5	Ey-EyeWidth * 0.5	Ey+EyeWidth * 0.5
嘴巴区域	Mx-MouthWidth * 0.5	Mx+MouthWidth * 0.5	My-MouthWidth * 0.5	My+MouthWidth * 0.5
鼻子区域	Nx-MouthWidth * 0.3	Nx+MouthWidth * 0.3	Ny-MouthWidth * 0.5	Ny+MouthWidth * 0.5
左脸区域	Fx-EyeWidth	Fx	Ey	My
右脸区域	Fx	Fx+EyeWidth	Ey	My

此外，有研究已经证明了对模型的中间特征图进行分解比对原始图像进行分解会有更好的识别效果。这是因为，共享的卷积运算可以减小模型尺寸和扩大后续神经元的感受野。基于该结论的启发提出的人脸分割策略，目的是分解第一个四元数卷积胶

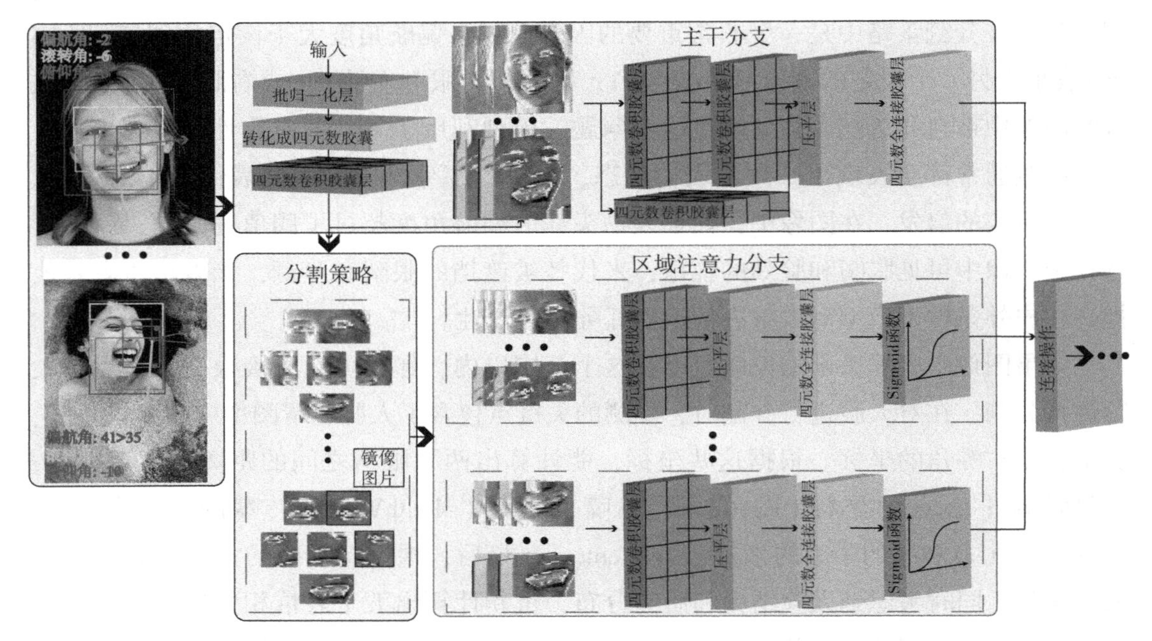

图4.5　区域注意机制的过程示意图(书后附彩色版本插图)

囊层的中间特征为五个与表情相关的局部关键区域。

在表4.1中，Lx 是左眼的 x 坐标，Rx 是右眼的 x 坐标，Mx 和 My 是 MouthCenter 的坐标，Nx 和 Ny 是鼻子的坐标，Fx 是 FaceCenter 的 x 坐标，Ey 是 EyeCenter 的 y 坐标。从第一个四元数卷积胶囊层中裁剪的局部区域会被分别送入相应的区域注意分支来获得表示其重要性的权值。该区域注意分支通过一组四元数卷积胶囊层、压平层和四元数全连接胶囊层来提取这些区域特征，然后使用 Sigmoid 函数来估计该区域的注意力权重。具体来说，如果大小为 100×100 的整张人脸图像作为输入，那么第一个四元数卷积胶囊层输出中间特征的大小为(50，50，4，1)。根据分割策略，这些中间特征图将被划分为5个局部区域，包括大小为(37，17，4，1)的眼部区域，大小为(22，14，4，1)的嘴部区域，大小为(14，29，4，1)的鼻子区域，大小为(17，23，4，1)的左脸颊区域，大小为(17，23，4，1)的右脸颊区域。同时，完整的人脸特征图也将发送到主干分支进行特征的处理。在每个区域注意分支中，首先利用四元数卷积胶囊层处理局部区域的输入，再从这些输入的特征中提取与表情相关的信息。接下来，四元数全连接胶囊层会进一步计算高级特征信息。随后，用一个 Sigmoid 函数来计算每个局部区域的注意力权重。最后，主干分支和五个区域关注分支的输出会被融合起来，形成一个完整的表示。这种网络结构能自适应地整合局部区域和整张脸的情绪线索，提升对人脸表情的判别能力。整个区域注意力机制的过程示意图如图4.5所示。

4.3.3 模型的整体结构

本章提出了一种具有区域注意机制的四元数胶囊网络(Q-CapsNet)来完成彩色人脸图像中的表情识别任务，所提出的 Q-CapsNet 的架构如图 4.6 所示。图中每一层输出的尺寸大小(高度、宽度、通道和维度)都在方块下方列出，四元数卷积胶囊层的超参数(核尺寸、通道、维度和步长)则在方块的上方列出，四元数全连接胶囊层的超参数(通道数、维度)也在对应方块的上方列出。彩色人脸表情图像在将其表示为四元数矩阵后输入 Q-CapsNet 模型，在通过第一个四元数卷积胶囊层后，人脸分割策略将中间特征分割成五个与表情相关的局部块，接着，这些与表情相关的局部块和整个人脸图像都被送到对应的区域注意力分支和主干分支中。每个区域注意力分支都是由四元数卷积胶囊层、压平层、四元数全连接胶囊层和 Sigmoid 函数组成。主干分支包括四元数批归一化层、转化成四元数胶囊层、四元数卷积胶囊层、压平层和四元数全连接胶囊层。其中，转化成四元数胶囊层的作用是将四元数矩阵转换为四元数胶囊形式以便模型的计算，压平层的作用是将四元数胶囊矩阵压缩为单维四元数胶囊。主干分支和五个区域注意力分支输出的特征会在模型后端进行连接操作，然后送到四元数全连接胶囊层进行分类。最后，胶囊转化为标量层会将向量转化为标量，进而得到输出中概率最大的表情。

此外，受到边缘损失函数的启发，本章还提出了可学习的边缘损失函数，来训练四元数胶囊网络模型。该算法能自动调整边缘阈值，从而提高目标表情的分类概率。分类损失函数 L_c 可以定义如下：

$$L_c = \sum_c \{T_c \max(0, (\alpha+\beta) - \| v_c \|)^2 + \lambda(1-T_c)\max(0, \| v_c \| - (\alpha-\beta))^2\} \tag{4.11}$$

在式(4.11)中，如果类别为 c，则 $T_c = 1$；如果类别不为 c，则 $T_c = 0$。α 是可学习变量，用来表示边界，它被初始化为 0.5；β 是超参数，用来表示边缘的宽度，被设置为 0.4。$(\alpha+\beta)$ 和 $(\alpha-\beta)$ 是边际阈值的上下限，表示胶囊 v_c 的长度需要在阈值范围内才能被激活。λ 是用来控制梯度反向传播的超参数，它被设置为 0.5。

具体来说，在将训练数据输入网络之前，彩色人脸表情图像被转化为一个四元数矩阵，然后输入模型，模型的第一层是四元数批归一化层，它能稳定且加速模型训练，并输出一个尺寸大小为 $100 \times 100 \times 1$ 的四元数矩阵。接下来，四元数矩阵被转换为尺寸大小为(100，100，1，1)的四元数胶囊形式，它的高度和宽度为 100，通道数为 1，四元数胶囊维数为 1。然后，第一个四元数卷积胶囊层输出大小为(50，50，4，1)的中间特征图，它有 4 个大小为 $3\times3\times1$ 的四元数卷积核，并且维度是 1，步长是 2。这些

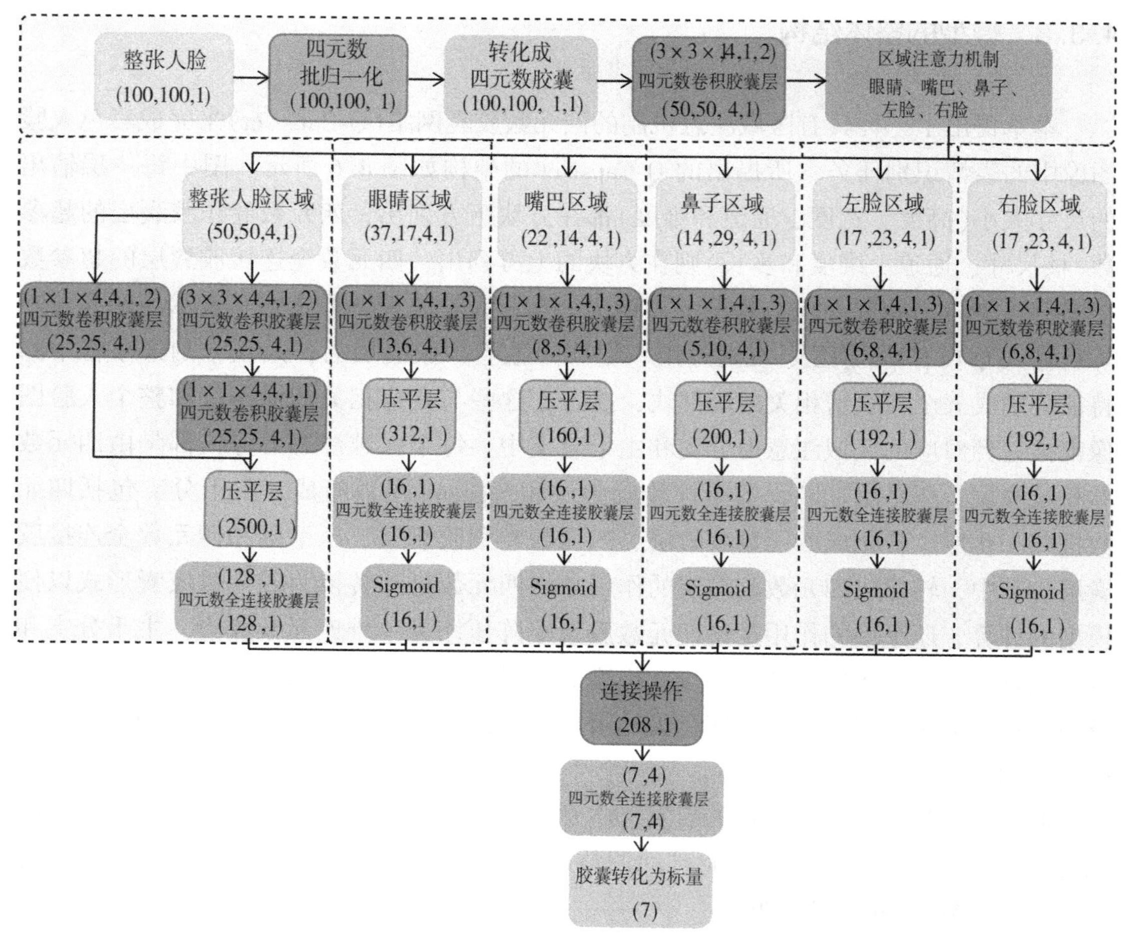

图 4.6　四元数胶囊网络的体系结构示意图

输出的中间特征利用人脸分割策略对其进行分解，该分割策略基于头部姿态估计和 5 个关键点，将整个人脸的特征图分割成 5 个局部区域。它包含了尺寸大小为(37，17，4，1)的眼睛区域，尺寸大小为(22，14，4，1)的嘴巴区域，尺寸大小为(14，29，4，1)的鼻子区域，尺寸大小为(17，23，4，1)的左脸颊区域，尺寸大小为(17，23，4，1)的右脸颊区域。人脸整体的特征图被输送到主干分支，5 个被分割的局部特征图被输送到相应的区域注意力分支。

在主干分支中，有多个四元数卷积胶囊层来处理这些特性。第一个四元数卷积胶囊层有 4 个四元数卷积核，维数为 1，它的大小为 3×3×4 且步长是 2。第二层四元数卷积胶囊层也有 4 个四元数卷积核，维数为 1，它的大小为1×1×4且步长是 1。图 4.2 中具有跳层结构的四元数卷积胶囊层共有 4 个四元数卷积核，维数为 1，它的大小为

1×1×4且步长是 2。最后一个四元数卷积胶囊层的输出将被压缩为尺寸为(2500，1)的单维四元数胶囊。随后，具有 128 通道和 1 维的四元数全连接胶囊层输出尺寸为(128，1)的四元数胶囊特征。

五个区域注意分支都具有相同的结构。每个分支有一个四元数卷积胶囊层，该层有 4 个四元数卷积核，维数为 1，步长为 3 且大小为 1×1×1。四元数卷积胶囊层的输出被压缩为单维四元数胶囊，并连接到有 16 个通道和 1 维的四元数全连接胶囊层上，输出尺寸为(16，1)的四元数胶囊。在每个区域注意分支的末端，一个 Sigmoid 函数会将 16 个四元数胶囊的单个分量归一化为[0，1]。

在分类器部分，将主干分支和五个区域注意分支的输出进行连接，得到 208 个一维的四元数胶囊。然后，它被连接到一个有 7 个通道和 4 个维度的四元数全连接胶囊层，该层输出大小为(7，4)的四元数胶囊。最后，胶囊转化为标量层，将四元数胶囊转换为相应的 7 个标量(即 7 种对应的表情标签)。

4.4 实验及结果分析

本节介绍的是在彩色人脸表情数据集上评估四元数胶囊网络的实验。4.4.1 节展示了评估实验的彩色人脸表情数据集；4.4.2 节说明了该模型在数据集中的实验设置；4.4.3 节展示了该模型与对比实验的结果；4.4.4 节呈现了评估实验的可视化结果；4.4.5 节将四元数胶囊网络在数据集中的实验结果与前两章的四元数网络以及已有的方法进行对比论证。

4.4.1 数据集

在公开的实验室控制条件 MMI(第一行)和 Oulu-CASIA(第二行)以及户外场景条件 RAF-DB(第三行)和 SFEW(最后一行)的表情数据集中，进行了对四元数胶囊网络模型的评估实验。该数据集中的一些样本如图 4.7 所示，实验室条件的 MMI、Oulu-CASIA 以及户外条件的 SFEW 数据集与前一章一致。此外，本章还使用了户外环境的 RAF-DB 数据集，它是一个从互联网上下载的大型户外环境下的彩色人脸表情数据集，由单标签样本和复合情感样本组成。本研究中只使用了 7 种基本的表情图像数据，含 15339 张基本的人脸表情图像。该图像总共被分成了 12271 张图像作为训练数据，3068 张图像作为测试数据。

4.4.2 实验环境及参数设置

本章对 Q-CapsNet 模型性能的实验评估与前两章的实验环境一样，并且其对比模

图 4.7　实验中表情数据集的样例

型都使用相同的训练环境和训练数据进行评估。在模型中，需要参数初始化的层包括四元数批归一化层、四元数卷积胶囊层和四元数全连接胶囊层。四元数批归一化层的参数初始化可以直接借鉴四元数网络的参数初始化方法，通过使用白化方法对数据进行缩放来初始化参数。对于四元数卷积胶囊层和四元数全连接胶囊层，参考了四元数 CNN 网络中的权值初始化方法，可以使用四元数权值初始化方法得到一定数量均匀分布的值，然后根据内核的形状对该值进行形状变换来完成对这两个组件的初始化。

4.4.3　消融实验

在四元数胶囊网络的训练过程中，除了一些常见的超参数外，还需要设置一些对模型性能有重要影响的参数。这些重要的参数包括卷积核的大小、通道的数量、维数和步幅。因此，本章使用了若干组对比实验来选择使模型具有最佳性能的参数组合。

对于卷积核的大小，模型使用深度学习中最广泛接受的设定，即设定的尺寸为 3×3 和 1×1。这是由于在感受野相同的情况下，卷积核尺寸越小，所需要的参数就越少，计算量也越小。此外，卷积核尺寸较大的模型在训练过程中不易收敛，因此，使用卷积核大小为 3 × 3 的四元数卷积胶囊层来提取图像中的情绪特征，并使用卷积核大小为 1 × 1 的四元数卷积胶囊来进行线性变换，能使模型具有更高效的性能。

对于通道的数量，在四元数卷积胶囊层和四元数全连接胶囊层上都测试了不同的通道数量，并且在它们中间选择了一个组合使模型性能最好。在分类的部分，需要将主干分支和区域注意分支的输出特征进行融合连接，于是，各注意力分支的四元数卷积胶囊层通道数需要保持一致。根据相关研究和经验，注意力分支中的四元数卷积胶囊层分别被设置了2、4和8个通道进行比较实验。对于四元数全连接胶囊层的通道数量，也根据相关研究和经验选取了8、16、32、64、128个通道进行比较实验。对比的实验结果见表4.2，从表中可以看出，最后一个参数组合的精度最高。

表4.2 **不同通道数的四元数胶囊网络的精度**

主干分支		区域注意力分支		MMI	Oulu-CASIA	RAF-DB	SFEW
卷积通道数	全连接通道数	卷积通道数	全连接通道数				
2	128	2	16	87.33%	95.32%	84.07%	60.72%
4	160	4	16	85.67%	94.91%	81.35%	59.96%
8	128	8	16	92.14%	94.76%	83.55%	59.67%
4	64	4	8	93.11%	93.83%	84.14%	61.47%
4	128	4	32	95.22%	96.58%	84.69%	60.88%
4	128	4	16	99.18%	99.27%	86.86%	61.90%

在确定卷积核大小和通道后，还设置了对比实验测试主干分支和区域注意分支的维数。由于胶囊是四元数的形式，每个维度都有四个分量，因此，进行从一维到四维的对比实验。表4.3是不同维度四元数胶囊网络在4个表情数据集上的实验结果，由实验结果可见，在模型中，一维的四元数胶囊网络是最佳选择。

表4.3 **不同维度的四元数胶囊网络的精度**

数据集	1维	2维	3维	4维
MMI	99.18%	93.60%	89.82%	88.01%
Oulu-CASIA	99.27%	95.78%	95.33%	94.96%
RAF-DB	86.86%	85.74%	85.37%	82.55%
SFEW	61.90%	61.74%	60.14%	59.88%

四元数卷积胶囊层中的步长同样会影响卷积核在图像中的感受域和输出特征的大小。在大多数情况下，相同高度和宽度的图像，默认的步长设置都是1。如果使用步长大于1的卷积核，则该卷积核将对四元数卷积胶囊层的输出特征进行下采样。根据相关经验，在主干分支的四元数卷积胶囊层上已经设置了步长为2，因此，在区域注意分支上的对比实验中，探究了四元数卷积胶囊层的步长从1到4的不同模型。表4.4展示了四元数胶囊网络在四个人脸表情数据集上不同步长的准确率，从结果中可以看出，当步长为3时，模型的实验效果最好。

表 4.4　　不同步长的四元数胶囊网络的准确性

数据集	步长为 1	步长为 2	步长为 3	步长为 4
MMI	92.54%	97.72%	99.18%	88.98%
Oulu-CASIA	92.85%	96.15%	99.27%	91.83%
RAF-DB	86.54%	86.55%	86.86%	82.78%
SFEW	60.96%	61.42%	61.90%	60.03%

除了探究最佳参数组合的对比实验外，本章还展示了对模型中组件进行验证的对比实验。四元数理论已经被证明了在处理颜色通道的相互依赖性方面有非常积极的作用，为了验证四元数在网络模型中的有效性，在四个人脸表情数据集上，构建了一个没有四元数的实值胶囊网络与四元数胶囊网络进行了比较。实值胶囊网络的设计方法是将模型的四元数组件替换为实值组件进行对比实验。实值胶囊网络与四元数胶囊网络具有相同的结构和参数设置，这两个网络之间唯一的区别在于是否应用了四元数理论来处理图像颜色通道之间的相关信息。

在对比实验中，实值胶囊网络由于没有使用四元数卷积运算等四元数操作，它的计算复杂度比四元数胶囊网络要更高。实值胶囊网络有 414 万个可学习参数和 828 万次浮点运算(FLOPs)，而四元数胶囊网络只有 137 万个可学习参数和 206 万次 FLOPs。在四个表情数据集上，四元数胶囊网络和实值胶囊网络分别进行了对比实验，本章给出了对比实验的精度、训练损耗曲线和混淆矩阵。

从表 4.5 中可以看出，四元数据胶囊网络在四个表情数据集上的精度都高于实值胶囊网络。与实值胶囊网络相比，四元数胶囊网络减少了 277 万个参数和 622 万次 FLOPs，而在四个数据集上的准确率分别提高了 9.22%、6.03%、4.35%和 2.57%。图 4.8 显示了实值胶囊网络和四元数据囊网络损失函数在训练中的变化。Q-CapsNet 比实值胶囊网络收敛更快，损失函数值也更小。

表 4.5　　实值胶囊网络和 Q-CapsNet 在四个数据集的精度

数据集	MMI	Oulu-CASIA	RAF-DB	SFEW
实值胶囊网络	89.96%	93.24%	82.51%	59.33%
Q-CapsNet	99.18%	99.27%	86.86%	61.90%

相关的研究也证明了胶囊网络在处理潜在的几何结构信息方面比卷积神经网络更有优势。为了评估胶囊结构在模型中的有效性，本章还构建了一个对比模型 Q-Net，它与提出的 Q-CapsNet 具有相似结构但不包含胶囊形式和动态路由算法。具体来说，

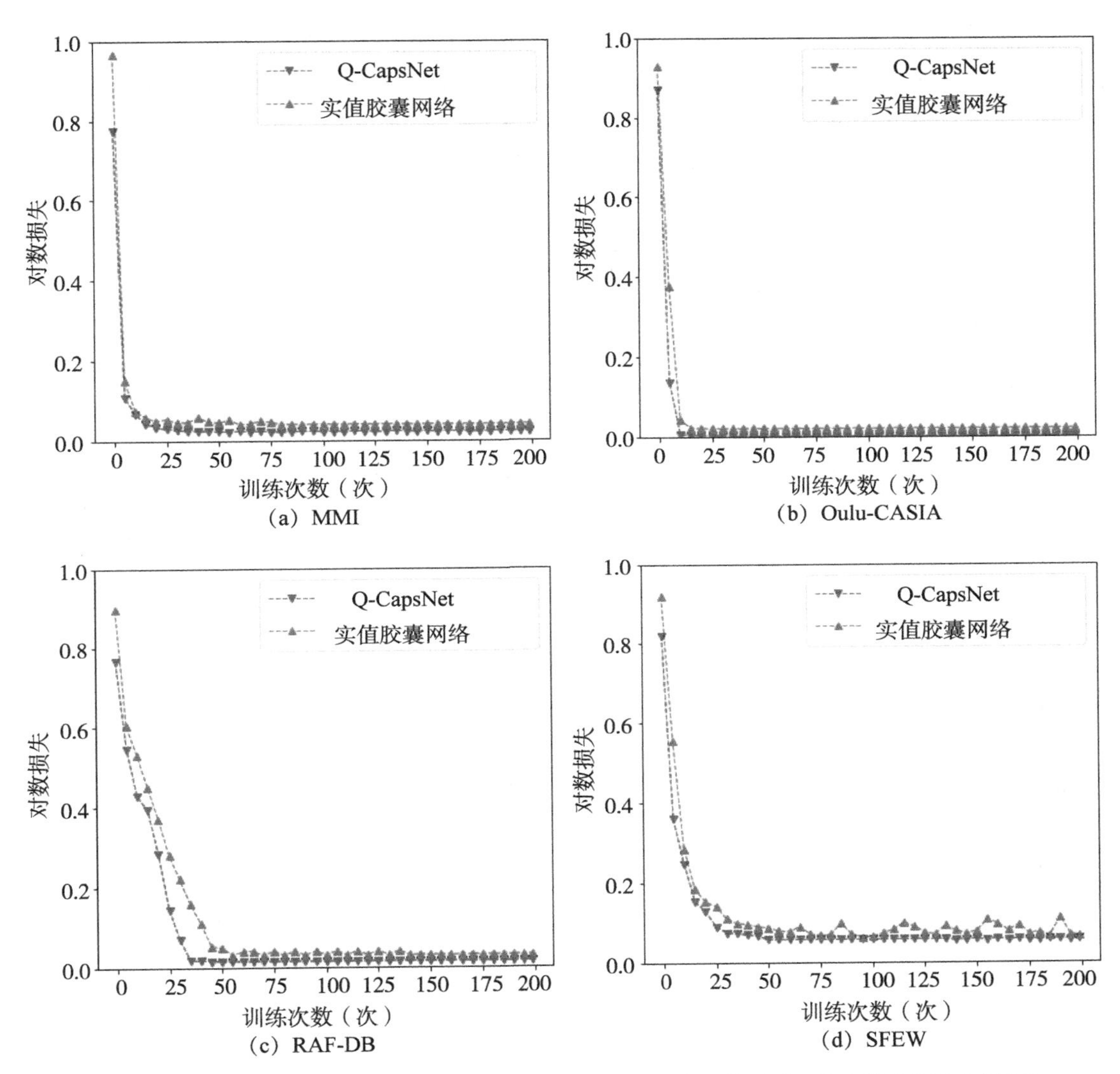

图 4.8 实值胶囊网络和 Q-CapsNet 在四个数据集上的损失函数曲线（书后附彩色版本插图）

Q-Net 将模型中的四元数卷积胶囊层和四元数全连接胶囊层替换成为四元数卷积层和四元数全连接层，同时，它也不使用四元数动态路由算法。Q-CapsNet 与 Q-Net 的唯一区别在于是否应用胶囊网络的组件处理表情识别任务中潜在的几何信息。

在对比实验中，Q-Net 也有与 Q-CapsNet 相同的参数设置，它有 156 万个可学习参数和 230 万次 FLOPs。为了比较，本章也给出了在四个人脸表情数据集上两个模型的精度、训练损耗曲线和混淆矩阵。

从表 4.6 可以看出，Q-CapsNet 在四个表情数据集上都比 Q-Net 获得更高的精度。与 Q-Net 相比，Q-CapsNet 减少了 19 万个参数和 12 万次 FLOPs，而在四个表情数据集上的精度分别提高了 6.45%、5.16%、3.19% 和 1.4%。图 4.9 显示了 Q-Net 和 Q-CapsNet 在四个表情数据集上的损失函数数值。与 Q-Net 相比，Q-CapsNet 收敛速度更快，所获得的损失函数值也更小。

表 4.6　**Q-Net 和 Q-CapsNet 在四个表情数据集上的精度**

数据集	MMI	Oulu-CASIA	RAF-DB	SFEW
Q-Net	92.73%	94.11%	83.67%	60.50%
Q-CapsNet	99.18%	99.27%	86.86%	61.90%

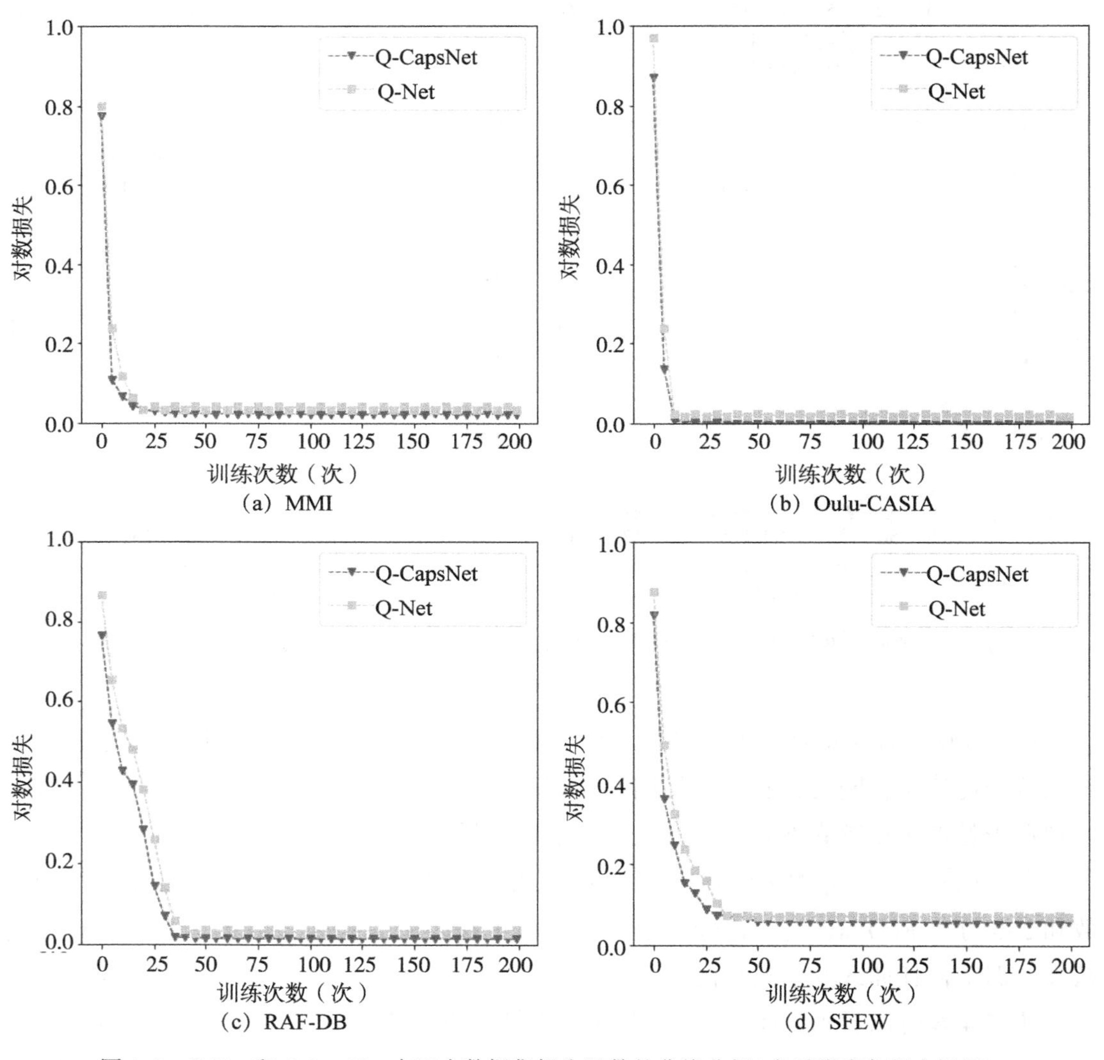

图 4.9　Q-Net 和 Q-CapsNet 在四个数据集损失函数的曲线分析(书后附彩色版本插图)

为了评价区域注意力机制在模型中的有效性，本章构建了一个不含区域注意力机制的对比模型 Q-CapsNet without attention(QWA-CapsNet)。具体来说，它去掉了分割策略，去掉了区域注意力分支，但保持了主干分支，其他结构不变。在这种情况下，这两个模型之间唯一的区别为是否应用区域注意力机制来执行表情识别任务。

在对比实验中，QWA-CapsNet 与 Q-CapsNet 具有相同的参数设置。它有 130 万个可学习参数和 194 万次浮点数。为了比较，在四个表情识别数据集上两个模型的识别精度、训练损耗曲线和混淆矩阵如图 4.10 所示。

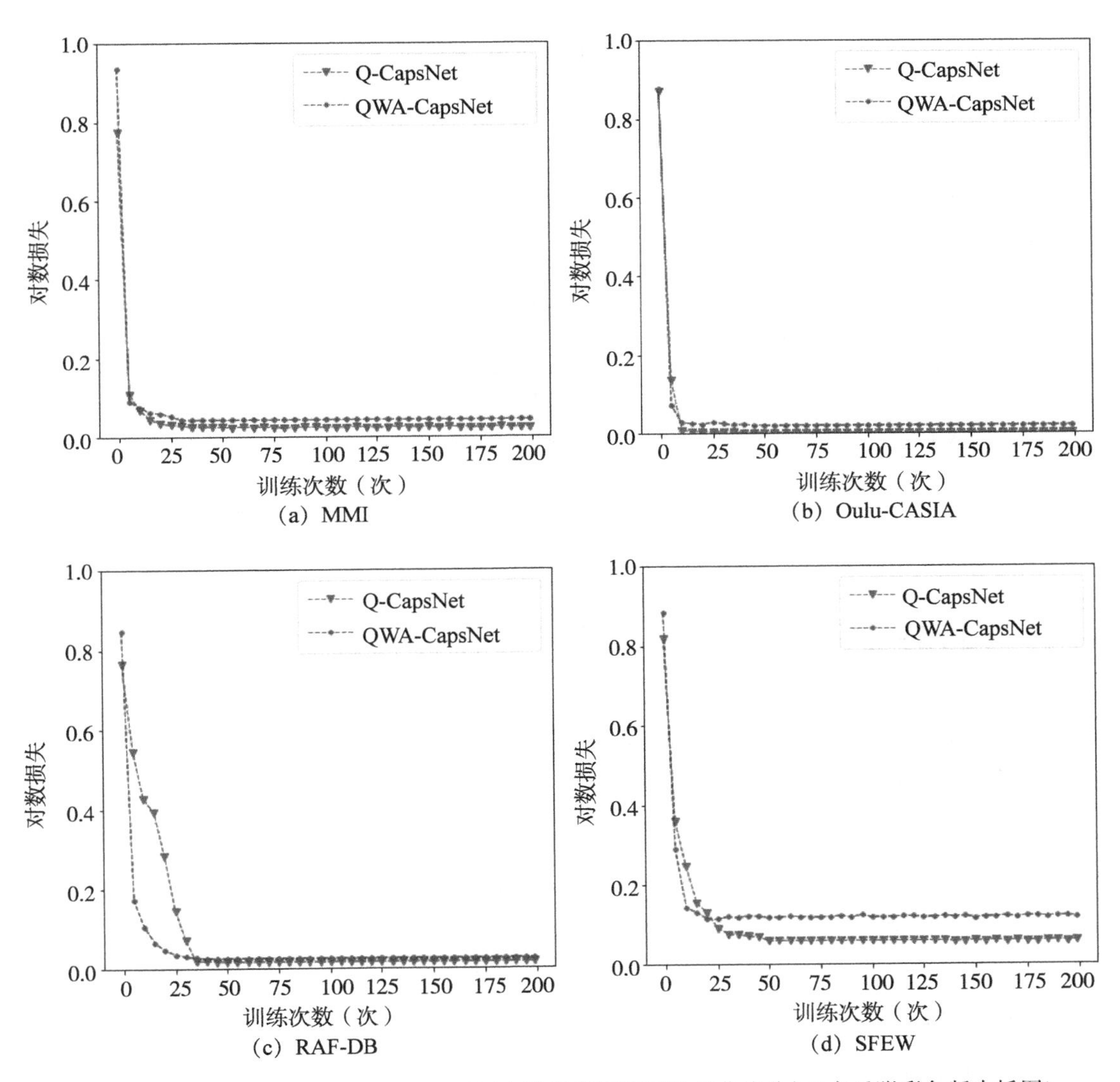

图 4.10 QWA-CapsNet 和 Q-CapsNet 对四个数据集训练函数的曲线分析(书后附彩色版本插图)

从表4.7中可以看出，在四个数据集上Q-CapsNet的精度普遍高于QWA-CapsNet。对于QWA-CapsNet，尽管比Q-CapsNet少了7万个参数和12万次FLOPs，但在四个数据集上，其精度分别下降了8.86%、4.48%、5.74%和5.46%。图4.10显示了在四个数据集上QWA-CapsNet和Q-CapsNet训练时损失函数的变化曲线，QWA-CapsNet的收敛速度快于Q-CapsNet，但其最终的损失函数大于Q-CapsNet。图4.11也给出了Q-CapsNet和QWA-CapsNet的混淆识别矩阵。从图4.11(第一列最后一行)的MMI混淆矩阵可以看出，Q-CapsNet在识别愤怒、恐惧、快乐、中性和悲伤的表情时表现得比QWA-CapsNet好。在Oulu-CASIA上的混淆矩阵(第二列最后一行)表明，Q-CapsNet在识别悲伤表情时优于QWA-CapsNet。在RAF-DB上的混淆矩阵(第三列最后一行)显示，Q-CapsNet在所有表情中都优于QWA-CapsNet。在SFEW上的混淆矩阵(最后一列的最后一行)显示，Q-CapsNet在识别愤怒、恐惧、快乐、中性、悲伤和惊讶表情时表现优于QWA-CapsNet。实验结果表明，区域注意力机制对Q-CapsNet的最终识别性能有非常积极的影响。

表4.7 **QWA-CapsNet和Q-CapsNet在四个数据集上的识别精度**

数据集	MMI	Oulu-CASIA	RAF-DB	SFEW
QWA-CapsNet	90.32%	94.79%	81.12%	56.44%
Q-CapsNet	99.18%	99.27%	86.86%	61.90%

4.4.4 结果的可视化显示及效果分析

在Q-CapsNet模型中，区域注意力机制被提出来确定图像中与表情相关的显著区域。为了验证区域注意力分支的作用，本章使用Grad-CAM方法将每个注意力分支的显著区域进行了可视化。Grad-CAM方法改进了类激活映射的方法，它能计算网络模型中最后一个特征的梯度，通过计算梯度的平均值得到每个特征的权重，在每个注意力分支之中，四元数卷积胶囊层输出的权重都以注意力图的方式进行了可视化。具体来说，每个注意力分支会输出一个表示显著区域的注意力图，注意力图中每个元素的颜色都表明了对应显著区域的重要性。由于模型的设置，四元数卷积胶囊层的步长大于1，所以还需要对每个注意力图进行双线性插值的上采样操作，使注意力图能够与对应的人脸图像相匹配。

快乐、悲伤和惊讶的情绪是表情数据集中较为典型的例子，如图4.12所示，人

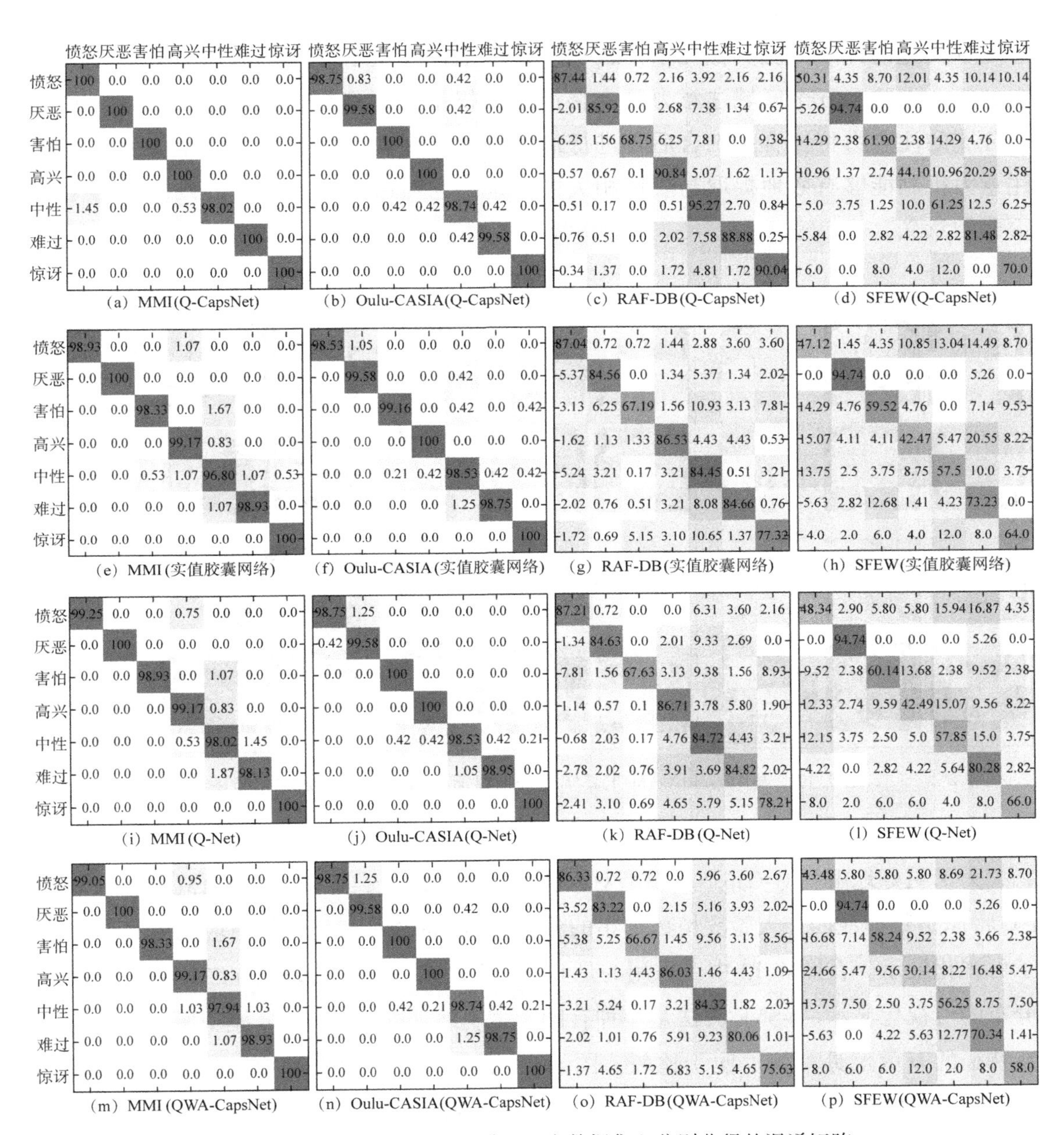

(a) MMI(Q-CapsNet) (b) Oulu-CASIA(Q-CapsNet) (c) RAF-DB(Q-CapsNet) (d) SFEW(Q-CapsNet)

(e) MMI(实值胶囊网络) (f) Oulu-CASIA(实值胶囊网络) (g) RAF-DB(实值胶囊网络) (h) SFEW(实值胶囊网络)

(i) MMI(Q-Net) (j) Oulu-CASIA(Q-Net) (k) RAF-DB(Q-Net) (l) SFEW(Q-Net)

(m) MMI(QWA-CapsNet) (n) Oulu-CASIA(QWA-CapsNet) (o) RAF-DB(QWA-CapsNet) (p) SFEW(QWA-CapsNet)

图 4.11 Q-CapsNet 和对比模型四个数据集上分别获得的混淆矩阵

脸表情图像的可视化示意图能显示人脸面部中与表情有关的部位。其中，红色部分对应的是注意力权重较大的显著面部区域。在图像中，几乎整个人脸部分在主干分支中都能获得较大的注意力权重(即红色区域)，但是，头发和背景则获得较低的注意力权重(即原始颜色)。在区域注意力分支中，可视化的结果表明，模型的权重几乎都集中在了与人脸表情相关的区域，如眼角、嘴巴、脸颊和眉毛等附近，区域注意力分支过滤掉了人脸其他冗余的区域。总体来说，主干分支将注意力集中在图像中的整个人脸，五个区域注意力分支将注意力权重分配到与表情更相关区域，并将各分支的注意力特征合并融合后再进行最终分类。因此，可视化的结果表明，区域注意力机制能够有效地提取与表情相关的特征，它对网络模型最终的判断具有十分重要的意义。

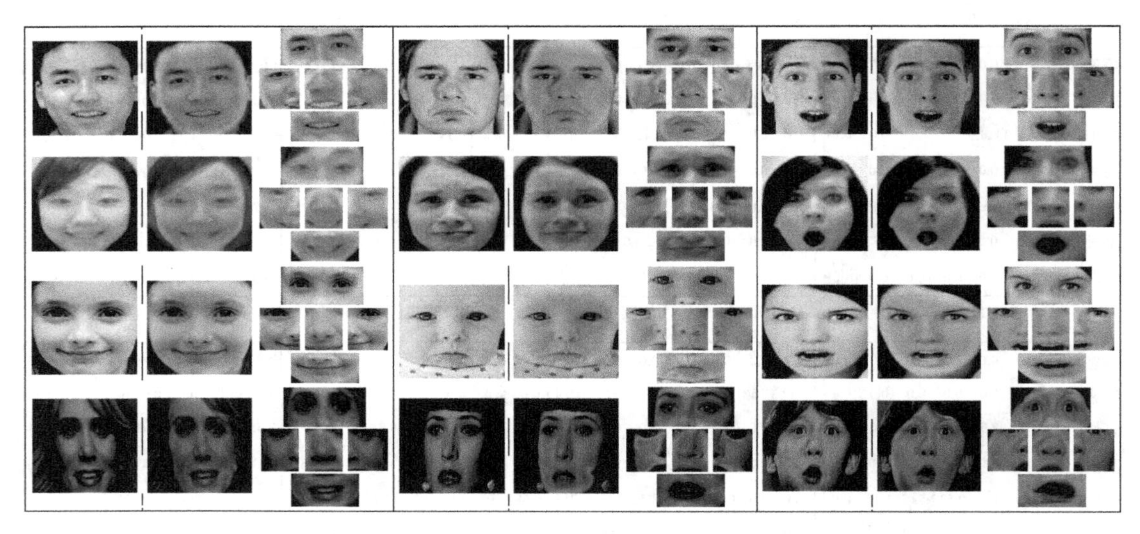

图4.12 利用Grad-CAM工具实现表情显著区域的可视化效果示意图

为了更好地解释Q-CapsNet模型对人脸表情图像的分类效果，图4.13(详见文末彩图)将原始数据在四个人脸表情数据集的分布和Q-CapsNet最后一层对应的特征图进行了可视化展示。在图4.13中，采用的是t-SNE方法来实现表情数据在二维和三维空间分布的可视化显示。t-SNE方法是一种有助于直观地理解Q-CapsNet模型所学习到的潜在特征的表示工具。为了便于比较，图4.13给出了原始数据和Q-CapsNet模型最终QFCCaps层输出特征的分布。在图4.13中的第一列和第三列中可以发现，来自四个表情识别数据集的原始数据在2D和3D空间都呈现不规则的分布，这些可视化结果表明，没有经过任何处理的原始数据很难进行分类。但是，图4.13的第二列和第四列显示，被Q-CapsNet模型提取的表情特征在可视化的图中可以被清晰地分离出来，并根据它们的对应标签形成七个紧凑的类别。具体来说，大多数来自实验室环境下的数据集(即MMI和Oulu-CASIA)样本可以很容易地在2D和3D空间中分成7个紧凑的类别。在RAF-DB数据集中，除了存在一些错误的分类之外，特征图在2D和3D

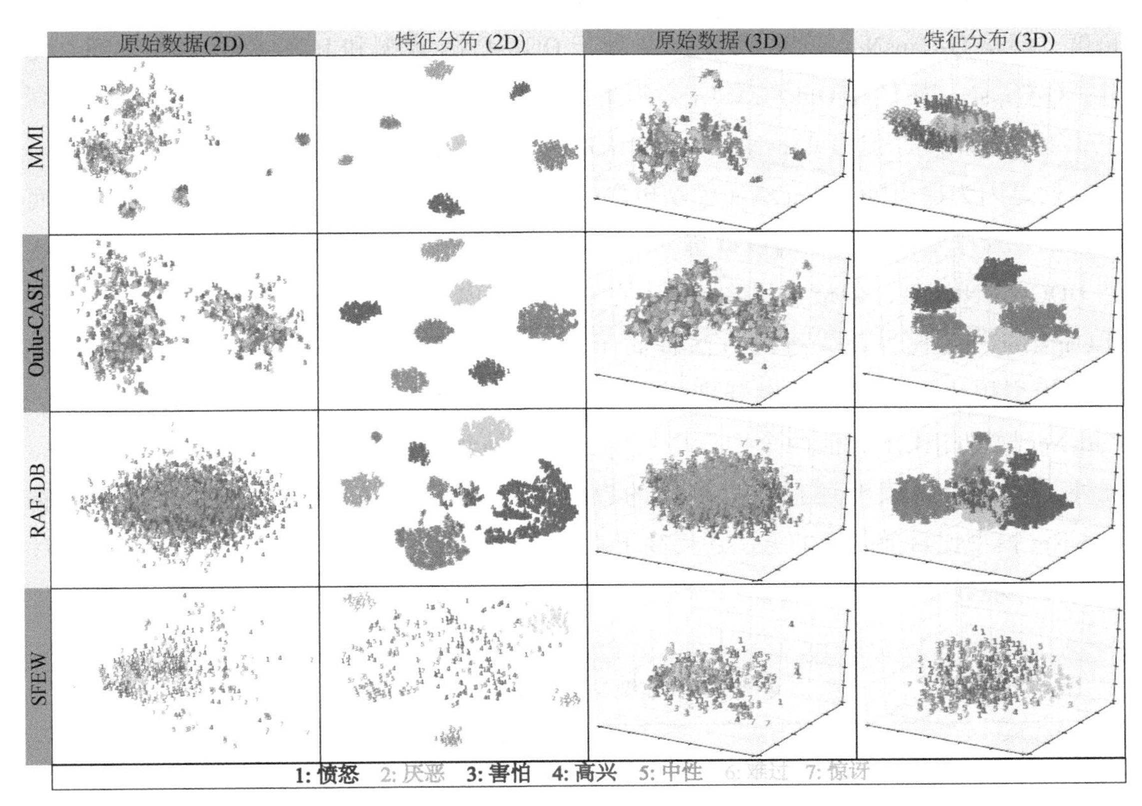

图 4.13 原始数据的 t-SNE 可视化结果和 Q-CapsNet 最终的 QFCCaps 层的特征(书后附彩色版本插图)

空间也能被划分为 7 个表情类别。在 SFEW 数据集中，虽然数据的重叠现象没有得到很好的处理，但同一种类表情的特征差异却被有效抑制了，不同类别表情之间的特征区别也被有效扩大了。图 4.13 的可视化结果证实了 Q-CapsNet 模型在多个数据集的有效性。

4.4.5 与其他方法的对比

在本节中，Q-CapsNet 模型分别和前两章的四元数网络，以及几种提出时间相近且具有比较价值的表情识别方法在实验室控制条件下的数据集(MMI 和 Oulu-CASIA)和户外条件下的数据集(RAF-DB 和 SFEW)上进行了比较，这些相近方法的精度结果均来源于原始的论文。在 MMI 数据集和 Oulu-CASIA 数据集上，这些模型都遵循 10 倍独立交叉验证的策略进行了实验。在 RAF-DB 和 SFEW 数据集上，依照官方划分的训练集和测试集进行了训练和测试。

实验结果表明，Q-CapsNet 模型在 MMI 上相比于目前先进的方法提高了 0.85%的精度，但是 Q-CapsNet 模型的识别效果处于 QGA-CNN 模型和 DQG-CNN 模型之间。此外，Q-CapsNet 模型在 Oulu-CASIA 数据集上，其识别精度相比目前先进的方法也提高了 1.17%的精度，但 Q-CapsNet 模型的识别效果略低于 QGA-CNN 模型和 DQG-CNN 模型。这是因为提出的 Q-CapsNet 模型包含的模块主要是为了解决户外环境下的 FER 而设计的。对于室内环境下的数据集，Q-CapsNet 模型的识别精度虽然略低于 QGA-CNN 和 DQG-CNN 模型，但最大相差范围也在 0.31%以内。在户外环境的 SFEW 数据集上，Q-CapsNet 模型比目前先进的方法提高了 2.04%的精度，并且与 QGA-CNN 和 DQG-CNN 模型相比，其识别效果分别提高了 17.78%和 16.04%，该实验结果证明了 Q-CapsNet 模型相比于其他两个四元数网络，对户外环境下的 FER 有更好的提升效果。此外，Q-CapsNet 模型还在较大规模的户外环境数据集 RAF-DB 上进行了评估，Q-CapsNet 模型比目前先进的方法还提高了 0.36%的精度，充分证明了 Q-CapsNet 模型针对户外环境数据集的有效性。

表 4.8　**Q-CapsNet 模型与其他先进方法的比较**

数据集	方　法	策略	识别精度	年份
MMI	DeRL	10 倍独立交叉验证	73.23%	2018
	Traj. on S+(2, n)	10 倍独立交叉验证	79.19%	2017
	Spatio-Temporal network	10 倍独立交叉验证	81.18%	2017
	SAANet	10 倍独立交叉验证	87.06%	2020
	SH-FER	10 倍独立交叉验证	98.33%	2015
	QGA-CNN	10 倍独立交叉验证	99.12%	2020
	DQG-CNN	10 倍独立交叉验证	99.36%	2020
	Q-CapsNet	10 倍独立交叉验证	99.18%	2021
Oulu-CASIA	Traj. on S+(2, n)	10 倍独立交叉验证	83.13%	2017
	Spatio-Temporal network	10 倍独立交叉验证	86.25%	2017
	DeRL	10 倍独立交叉验证	88.00%	2018
	SAANet	10 倍独立交叉验证	88.33%	2020
	LDN	10 倍独立交叉验证	98.10%	2012
	QGA-CNN	10 倍独立交叉验证	99.48%	2020
	DQG-CNN	10 倍独立交叉验证	99.58%	2020
	Q-CapsNet	10 倍独立交叉验证	99.27%	2021

续表

数据集	方　法	策略	识别精度	年份
RAF-DB	DLP-CNN	训练集与验证集	74.20%	2017
	pACNN	训练集与验证集	83.27%	2018
	ASL+L2SL	训练集与验证集	84.69%	2020
	gACNN	训练集与验证集	85.07%	2018
	OAENet	训练集与验证集	86.50%	2021
	Q-CapsNet	训练集与验证集	86.86%	2021
SFEW	DLP-CNN	训练集与验证集	51.05%	2017
	ECAN	训练集与验证集	54.34%	2021
	EmotiW-1	训练集与验证集	55.96%	2015
	Covariance Pooling	训练集与验证集	58.14%	2018
	DDL	训练集与验证集	59.86%	2020
	QGA-CNN	训练集与验证集	44.12%	2020
	DQG-CNN	训练集与验证集	45.86%	2020
	Q-CapsNet	训练集与验证集	61.90%	2021

4.5 本章小结

本章提出了具有区域注意的Q-CapsNet模型用于彩色FER。首先，为了解决户外环境下表情特征位置信息混淆的问题，该模型引入了胶囊网络，并将其扩展到了四元数域。此外，在模型中还引入了区域注意力机制，该机制利用人脸分割策略和四个区域注意力分支来突出与表情相关的面部显著区域。在实验室控制条件下的数据集(MMI和Oulu-CASIA)和户外环境下的数据集(RAF-DB和SFEW)上进行了大量的实验。可视化的结果表明，区域注意力的分支能捕获与表情相关人脸的特征，Q-CapsNet模型能有效地抑制了相同表情类内不同，扩大了不同表情类之间的差异。对比实验证实了四元数理论、胶囊结构和区域注意力机制都可以提高模型在四种数据集上的最终识别性能。最后，与其他先进的人脸表情识别方法相比，所提出的Q-CapsNet模型在实验室条件下的数据集上可以取得令人满意的效果，在户外条件下的表情数据集上能取得更好的效果。

第 5 章　基于四元数可变形 LBP 模型的人脸表情识别*

在户外条件下采集到的表情数据集中，一些干扰性的因素(如头部姿势变化、光照变化和不同肤色等)都会对最终的识别精度产生影响。为了消除这些干扰性因素的影响，本章提出了四元数可变形 LBP 模型来完成 FER 任务，该模型主要对输入四元数网络的表情数据实施了有效的预处理操作。本章主要提出了四元数可变形 LBP 描述子来提取户外环境下人脸的表情特征，该描述子将表情特征编码为四元数形式而非 LBP 中的标量形式，这种方式使表情图像中颜色通道间的相关性得以完整保存。此外，还提出了一种姿态校正与面部分解策略矫正图像中人物的头部姿势，使头部姿态变化对 FER 的影响大大降低。最后，设计了一个四元数浅层网络对四元数特征进行最终的表情分类。在户外 FER 数据集上，对该模型进行了实验评估。

5.1　干扰因素和特征提取问题的解决方法

现有表情识别的方法绝大多数针对的是在实验室控制条件下的人脸表情图像，而较少有模型专门针对户外条件下的表情图像。但是在户外条件下，网络模型的表情识别性能可能会因为一些干扰因素的影响而降低，这些干扰因素包括头部姿态变化、光照变化、遮挡、不同肤色等，其中，对表情识别结果影响最大的是头部姿势，几乎所有户外条件下的图像中的人脸都存在一些头部姿势的变化的因素。如果是较轻微的头部姿态变化，设计一个鲁棒的模型可以直接提取人脸的表情特征，但如果人物头部姿态的偏转十分剧烈，那么人脸就会存在自遮挡的现象，进而影响模型最终识别的精度。

一些已有研究对这些干扰因素提出了解决方案。例如，有不少研究就提出了在 FER 任务之前，先对表情图像进行姿态校正。另外，根据心理学的研究，在人脸中只有部分肌肉与表情高度相关，大脑正是通过观察这些肌肉变化来识别特定的情绪。基

---

* 本章的主要内容发表于 IEEE Transactions on Computational Social System，2024，11(2)：2464-2478。

于这个观点，有些研究仅从与表情相关的显著人脸区域中提取特征，不考虑与表情无关的区域，从而减少头部姿态变化和人脸自遮挡对表情识别任务的影响。虽然这些研究对人脸进行了分割，但它们是以固定区域的形式将人脸进行分割，忽略了人脸表情与面部肌肉之间的联系[68]。因此，本章提出了姿态校正与面部分解策略，该策略能有效地消除来自头部姿态的干扰，有助于 FER 任务的完成。

值得说明的是，特征提取是 FER 任务中最重要的步骤之一，局部二值模式(Local Binary Pattern，LBP)是一种较为著名的特征提取描述子，它描述了人脸的局部信息并且捕获了表情的判别特征。许多相关研究已经证明，LBP 描述子对图像中光照的变化表现得十分鲁棒。但是，大多数传统的 LBP 描述子将彩色图像直接转换成灰度图像，或简单地分离颜色组件，忽略了图像中颜色通道内部的相关性，于是，一些研究者将 LBP 描述子与四元数技术相结合，在处理颜色通道的内部依赖关系上展现出了极大的优势。

本章主要提出了一种新的四元数可变形 LBP 网络模型(Quaternion Deformable LBP Network，QDLBP-Net)来处理户外环境下的彩色 FER 任务，该模型对输入四元数网络的表情数据实施了有效的预处理操作。该模型由姿态校正与面部分解策略(Pose-Correction Facial Decomposition，PCFD)、四元数可变形 LBP(Quaternion Deformable LBP，QDLBP)和四元数分类网络(Quaternion Classification Network，QC-Net)三部分共同组成。PCFD 先将具有头部姿态变化的人脸正面化，再将其分解为五个与表情相关的区域。该策略保证了人脸被分割区域与特定的面部肌肉的关联，从而提高了识别的准确性。QDLBP 基于四元数表示，能将表情特征编码为四元数形式而非 LBP 中的标量形式，这种方式使得表情图像中颜色通道的信息得以完整保存，并且为了适应头部姿态的变化，QDLBP 的像素采样范围可以根据抖动(偏航)、点头(俯仰)和倾斜(滚动)的角度进行变形。它能在户外环境姿态变化、光照变化等情形下对表情的局部邻域信息进行充分的编码并保持了颜色通道之间信息的完整性。QC-Net 是一种由四元数卷积层、四元数全连接层和四元数非线性层组成的四元数浅层分类网络。最后，在三个户外表情识别的数据集(RAF-DB、SFEW 和 AffectNet)以及头部姿态变化的数据集上，对 QDLBP-Net 模型进行了实验评估，并与其他表情识别的方法进行对比来验证其有效性。

5.2　LBP 算子理论

局部二值模式(LBP)描述子是一种简单但十分有效的图像局部信息纹理描述符，它是由芬兰 Oulu 大学的 T. Ojala，M. Pietikainen 和 D. Harwood 等于 1996 年提出的。

LBP 描述子的核心思想是对图像某个局部的像素进行计算，得到特定 LBP 值出现的频率，进而以此来描述这个局部区域中的纹理特征。LBP 描述子能有效地表征图像中的每个像素与相邻像素之间的关系，它对图像的纹理特征具有十分显著的提取能力。自 LBP 描述子被提出以后，LBP 及其扩展版本在计算机视觉和模式识别等任务中得到了广泛的应用。相比于其他的方法，LBP 描述子有一些特殊的优势：①它在一定程度上消除了光照变化带来的问题；②它对图像中的特征具有旋转不变性；③它计算纹理特征的速度特别快。

最原始版本的 LBP 描述子本质上是将局部区域的每个像素编码为二进制形式来获得图像特征。具体来说，通过将中心像素与该像素 3×3 邻域内的像素进行比较，来确定编码数值的大小。比如，给定图像中任意的一个参考像素 r，即可通过将 r 与周围的像素相比较来获得 LBP 的像素编码：

$$\mathrm{LBP}_{P,R}(r)=\sum_{p=0}^{P-1}s(r_s-r)2^p,\ s(t)=\begin{cases}1,\ t\geqslant 0,\\0,\ t<0\end{cases}\tag{5.1}$$

这里，r_s 是邻域像素的数值，P 是所有将被采样的点的总数，R 是所有相邻采样点距离中心像素的采样半径，$s(\cdot)$ 是常用的符号函数。整个图像中 LBP 描述子的计算过程可以如图 5.1 所示。例如，“42”是参考像素 x_c 的灰度值，相邻像素的采样总数 $P=8$ 并且采样半径 $R=1$。于是，将参考像素周围的像素值与参考像素值“42”进行逐个比较，然后，由上述式(5.1)逆时针方向进行计算得到一个二进制字符串。接下来，将二进制字符串“00111100”转换为十进制值“60”，这个值就为参考像素“42”的 LBP 值，表示为 $\mathrm{LBP}_{8,1}(42)=60$。

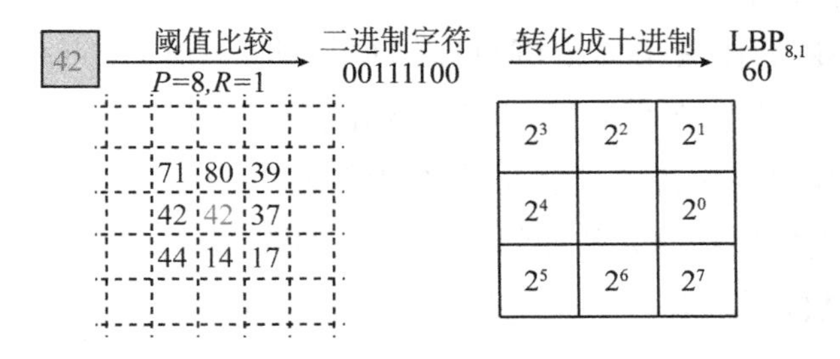

图 5.1　LBP 描述子的计算过程示意图

图 5.1 是采样半径为 3 × 3 的 LBP 描述子，很快就被研究者们改进为采样半径为圆形的 LBP 描述子。相比于原始的 LBP，改进后的圆形 LBP 采样范围增加，采样点数目明显变多，但同时也出现了一个非常明显的问题，就是当采样半径变化时，采样点有可能会落到像素的区域以外，即采样点的坐标为非整数。这种情况会给计算带来一定的麻烦，有可能会造成特征信息的缺失。因此，为了解决这一问题，就提出了双线

性插值的计算方法来确定该点的特征信息。双线性插值的核心思想就是沿着横纵两个方向分别进行线性的插值运算。

在原始的LBP描述子的基础上，还有旋转不变性LBP描述子和均匀的LBP描述子等扩展版本的LBP描述子被陆续提出。尽管LBP描述子在各种图像处理任务中取得了非常不错的进展，但是现有的绝大多数的相关算法还只集中于单通道图像(灰度图像)，而忽略了多通道图像(如RGB图像)的彩色信息。最近，一些研究结合了四元数理论与LBP描述子来处理彩色图像。例如，Lan等提出了四元数局部二值模式描述子(QLBP)和四元数局部排序二值模式描述子来解决彩色图像处理的任务。Song等也开发了四元数扩展局部二值模式(QxLBP)彩色图像描述子来解决一些图像处理方面的难题。

5.3 四元数可变形LBP模型

本章提出的QDLBP-Net主要是为了消除户外条件下FER的几个干扰因素，并且提高最终的精度。QDLBP-Net首先使用姿态校正与面部分解策略校正了人物的头部姿态，并把人脸分解为五个与表情相关的区域。然后，提出QDLBP描述子来提取光照不均匀和头部姿势变化影响下的表情特征，并保持了颜色通道相关信息的完整性。最后，利用四元数浅层分类网络将提取的特征信息分为七种情绪。有关QDLBP-Net使用的姿态校正与面部分解策略、四元数可变形LBP和浅层的四元数分类网络的具体结构将在以下小节详细介绍。

5.3.1 模型的整体结构

本章提出了四元数可变形LBP模型(QDLBP-Net)来完成彩色FER任务。所提出的QDLBP-Net的整体结构如图5.2所示。

由图5.2可知，表情图像首先被PCFD策略处理，通过特征点检测、姿态估计、姿态比较、姿态矫正和人脸分解等步骤。在户外环境下收集到的人脸表情图像将被分解成五个与表情相关的区域。然后这五个区域被QDLBP描述子处理，分别通过可变形像素采样和四元数颜色采样算法得到四元数表情特征。该四元数表情特征最后被送入QC-Net浅层网络中进行最后的表情分类。

5.3.2 PCFD策略

如图5.2所示，PCFD策略包括了特征点检测、姿态估计、姿态比较、姿态矫正

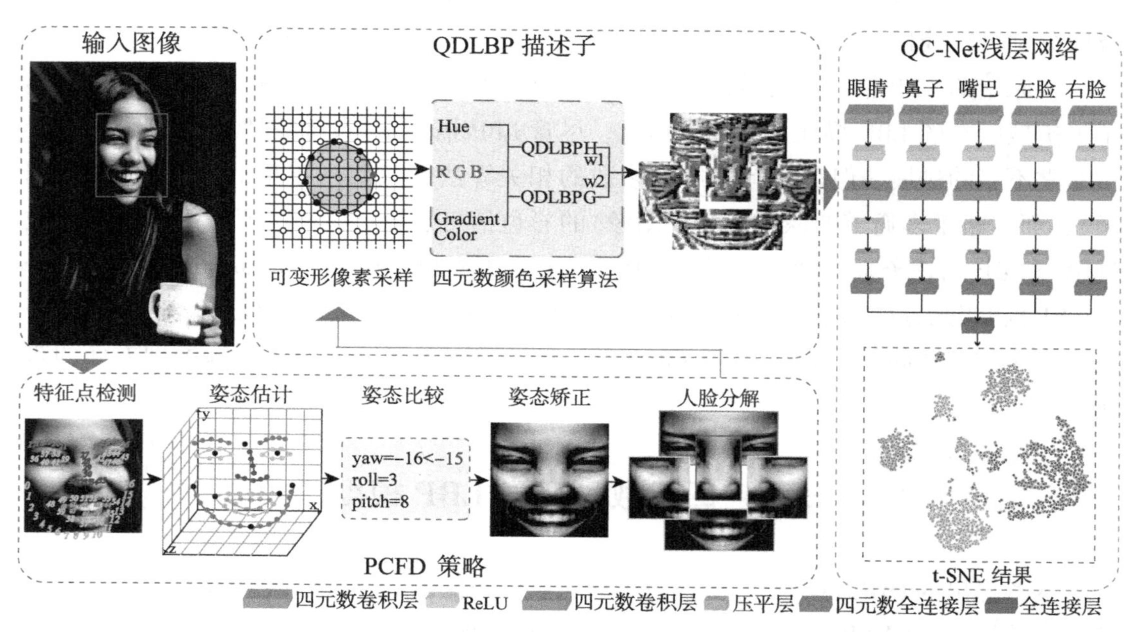

图 5.2　QDLBP-Net 的整体结构示意图(书后附彩色版本插图)

和人脸分解五个步骤。与其他工作中依靠经验选择人脸中的显著区域，或对各个区域直接分配权重的方式不同，PCFD 策略考虑了头部姿势变化和人脸肌肉的分布。这种策略确保了分割的人脸区域与特定的肌肉相关联。

首先，模型先将人脸特征点的检测过程应用于原始图像，对图像中人脸的特征点进行定位。之前有关人脸表情识别的研究大多是基于二维的人脸特征点定位，然而二维的人脸特征点定位只能在正面人脸或实验室采集的图片中表现良好。在户外环境下，几乎所有二维的人脸特征点定位都存在识别能力下降甚至无法识别人脸的问题。最近，一个名为 3D-FAN 的三维人脸特征点检测方法在户外环境下对人脸的识别展现出了很强的鲁棒性。因此，模型直接使用 3D-FAN 对采集到的人脸表情图像进行处理，该模型可以在人脸图像中定位 68 个特征点。3D 人脸特征点可以表示为 $L = (L_1, L_2, \cdots, L_k)$，这里的 L_i 是代表着第 i 个元素并且 k 是表示特征点的个数($k = 68$)。其中，$L_i = (x_i, y_i, z_i)$，这里的 x_i，y_i 和 z_i 分别表示特征点的水平、垂直和深度坐标值。图 5.3 所示为二维人脸图像上被检测到的特征点。

然后，根据 3D-FAN 从图像中获得的人脸 3D 特征点坐标，计算出头部姿态的角度。与其他使用 CNN 模型或者人脸模型匹配的头部姿态估计方法[108]相比，直接使用人脸 3D 特征点坐标计算头部姿态角度会更加高效和节省计算资源。具体来说，头部姿势包括偏航、俯仰和滚转三个角度，这些角度也称为晃动(偏航)、点头(俯仰)和倾

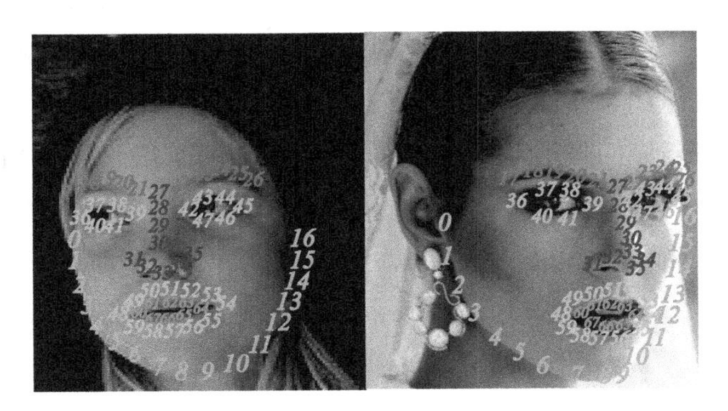

图 5.3　3D-FAN 进行特征点检测

斜(滚转)。这些角度的计算需要选定若干数量的锚点(黑点)，如图 5.4 所示。

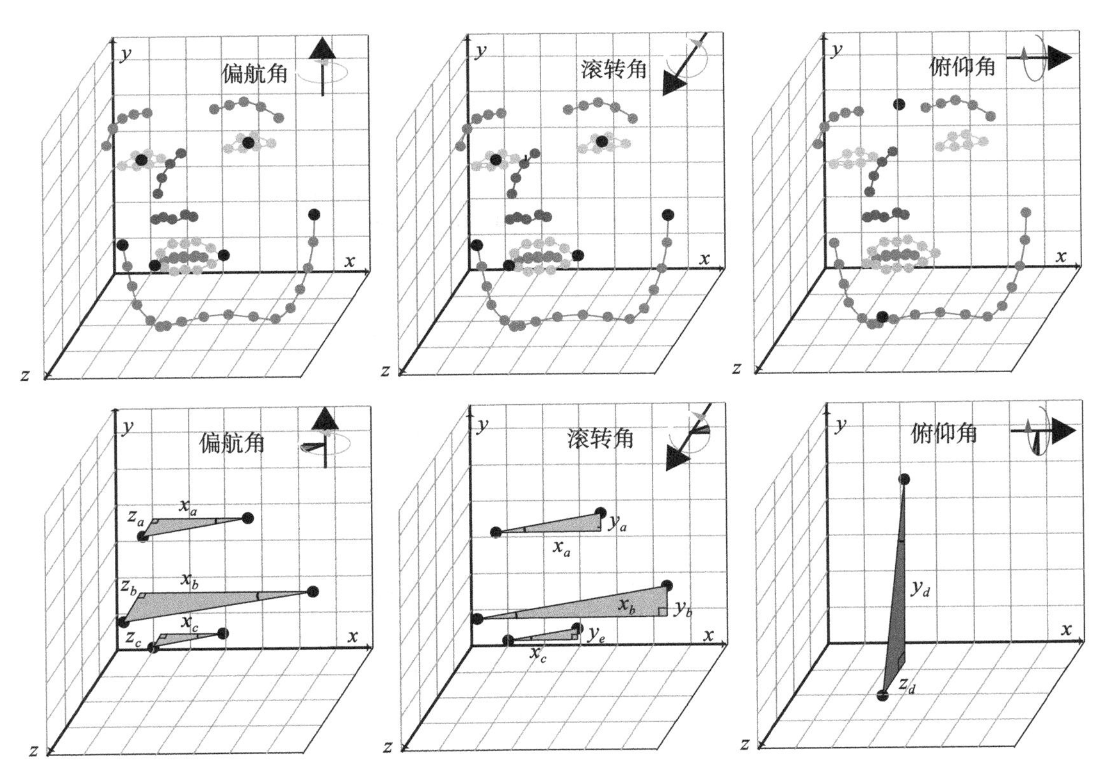

图 5.4　锚点(黑点)和头部位姿计算

如式(5.2)所示，首先计算右眼的中心坐标(第 36 到第 41 个人脸的特征点，它们在图 5.4 的第一行中用绿色标记)和左眼的中心坐标(第 42 至 47 个人脸的特征点)作为眼睛的锚点。利用这两只眼睛的锚点和反正切公式来计算头部姿势的横摆角和滚转角。类似地，根据式(5.3)，通过两个脸颊的锚点计算头部姿势的偏航角和滚动角(第0和第16个人脸特征点)。依据式(5.4)，根据嘴巴的左右角锚点(第48和第54个人脸特征点)计算头部姿势的偏航角和滚转角。最终的偏航角和滚动角是三个计算结果的平均值，如式(5.5)所示。至于俯仰角，首先计算眉毛的中心坐标(第20到第23个人脸特征点的中心坐标)和下巴的中心坐标(第7到第9个人脸特征点的中心坐标)。然后，也同样使用了反正切公式来计算头部姿势的俯仰角、偏航角和滚动角，具体计算过程见式(5.6)。

$$\begin{cases} \text{yaw}_{\text{eye}} = \arctan\left(\dfrac{z_a}{x_a}\right) = \arctan\left(\dfrac{\sum_{i=36}^{41} z_i - \sum_{i=42}^{47} z_i}{\sum_{i=36}^{41} x_i - \sum_{i=42}^{47} x_i}\right) \\ \text{roll}_{\text{eye}} = \arctan\left(\dfrac{y_a}{x_a}\right) = \arctan\left(\dfrac{\sum_{i=36}^{41} y_i - \sum_{i=42}^{47} y_i}{\sum_{i=36}^{41} x_i - \sum_{i=42}^{47} x_i}\right) \end{cases} \tag{5.2}$$

$$\begin{cases} \text{yaw}_{\text{cheek}} = \arctan\left(\dfrac{z_b}{x_b}\right) = \arctan\left(\dfrac{z_0 - z_{16}}{x_0 - x_{16}}\right) \\ \text{roll}_{\text{cheek}} = \arctan\left(\dfrac{y_b}{x_b}\right) = \arctan\left(\dfrac{y_0 - y_{16}}{x_0 - x_{16}}\right) \end{cases} \tag{5.3}$$

$$\begin{cases} \text{yaw}_{\text{mouth}} = \arctan\left(\dfrac{z_c}{x_c}\right) = \arctan\left(\dfrac{z_{48} - z_{54}}{x_{48} - x_{54}}\right) \\ \text{roll}_{\text{mouth}} = \arctan\left(\dfrac{y_c}{x_c}\right) = \arctan\left(\dfrac{y_{48} - y_{54}}{x_{48} - x_{54}}\right) \end{cases} \tag{5.4}$$

$$\begin{cases} \text{yaw} = \dfrac{(\text{yaw}_{\text{eye}} + \text{yaw}_{\text{cheek}} + \text{yaw}_{\text{mouth}})}{3} \\ \text{roll} = \dfrac{(\text{roll}_{\text{eye}} + \text{roll}_{\text{cheek}} + \text{roll}_{\text{mouth}})}{3} \end{cases} \tag{5.5}$$

$$\text{pitch} = \arctan\left(\dfrac{z_d}{y_d}\right) = \arctan\left(\dfrac{\sum_{i=7}^{9} z_i - \sum_{i=20}^{23} z_i}{\sum_{i=7}^{9} y_i - \sum_{i=7}^{9} y_i}\right) \tag{5.6}$$

从人脸图像中获得头部姿势之后，可以发现，由于头部结构的原因，滚转角和俯仰角很少能引起人脸的自遮挡，但是偏航角度变化较大的人脸会产生自遮挡的现象，该现象会影响分类器对最终结果的判断。因此，在模型中为了适应大的偏航角度的变化，需要采用人脸正面化的方法来改变图像中的头部姿态，生成合理的人脸表情图像，再进行人脸分解。

相关研究已经证实了人脸正面化方法在相关的任务中具有合理且积极的作用。然而，只有少数的工作在 FER 任务中应用了人脸正面化方法，并且其结果令人并不满意，其对比效果如图 5.5 所示。在人脸正面化方法的相关研究中，最常用的方法是基于生成对抗网络(Generative Adversarial Network，GAN)和形变模型的方法。然而，基于 GAN 的方法通常需要较大的计算量，并且也需要耗费大量的时间和正面的人脸数据进行训练。形变模型的方法也需要正面、高分辨率和未遮挡的表情图像来学习人脸特征，并且该方法不适用于户外条件。因此，本章提出了一种计算量小并且效果不错的人脸正面化方法来校正头部姿态。

图 5.5　人脸正面化方法效果对比，示例图像分别来自参考文献[116-118]

受相关工作的启发，所提出的人脸正面化方法在遵循其框架的基础上，采用不同的特征点检测、姿态估计和遮挡填充法来实现相同的目的。提出的人脸正面化方法首先将非正面人脸对齐，然后，将其缩放到一个参考坐标系中，接下来，使用人脸对称的部分来填充被遮挡的区域。所提出人脸正面化的方法如图 5.6 所示。

具体来讲，首先，选择一个人脸正面模型 F_R 作为参考模型，然后从 F_R 中探测到人脸的 3D 特征关键点 $L_R=(x_R, y_R, z_R)$，如图 5.6(a)所示。然后，给定人脸图像 F_G 和它对应的 3D 特征关键点 $L_G=(x_G, y_G, z_G)$，如图 5.6(b)所示。其中，L_R 和 L_G 的尺寸都是 3×68。接下来，根据式(5.7)中的 L_R 和 L_G（X 是 L_G 的广义逆矩阵)，可以计

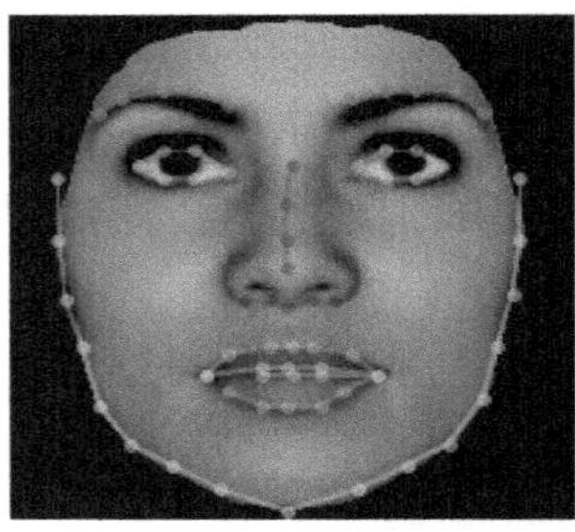

(a)参考模型和3D关键点

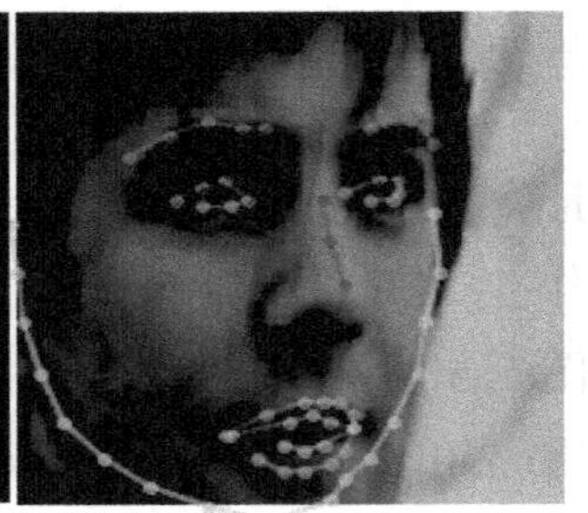

(b)给定图片和3D关键点

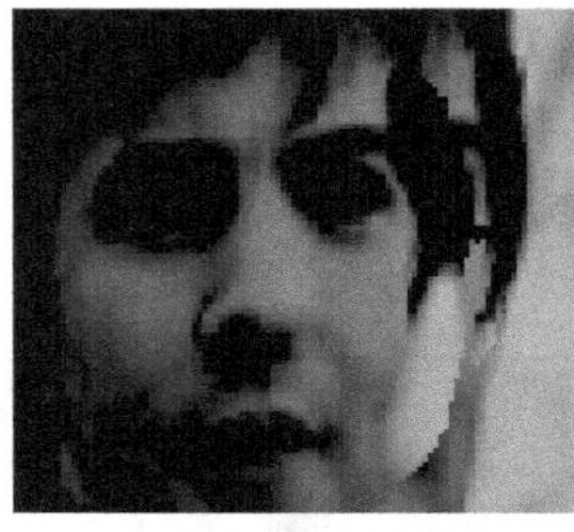

(c)生成的正面人脸

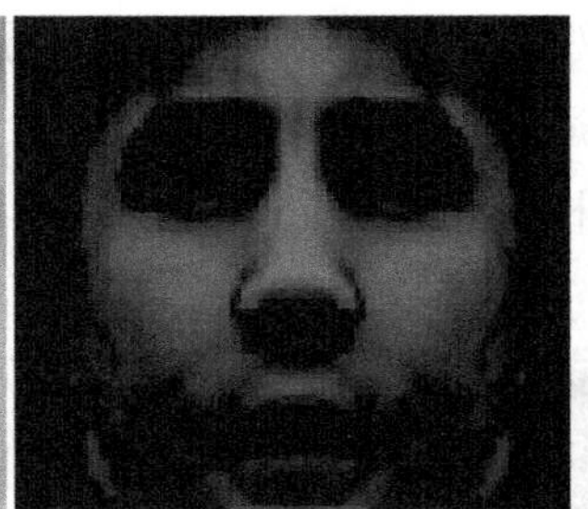

(d)最终的正面人脸

图 5.6　人脸正面化的方法示意图

算得到 3 × 3 的投影矩阵投影 M。最后，可以通过 F_G 和 M 计算得到生成的正面人脸图像 F'_G。该投影过程可以表示为

$$\begin{cases} L_G X L_G = L_G \\ M = L_R X \\ F'_G = M F_G \end{cases} \tag{5.7}$$

此外，原始的人脸图像由于头部姿势变化存在自遮挡现象，生成后的正面人脸存在一些缺失或模糊区域，如图 5.6(c)所示。为了解决这一问题，缺失的区域需要通过人脸的对称部分进行填充。具体来说，首先，将原始图像的镜像扭曲后投射到正面网格上，然后创建图像蒙版来混合生成正面人脸 F'_G 和原始图像的镜像，这样就能用人脸的对称部分来替换生成人脸中缺失的区域。此外，对于模糊区域，还采用了双线性插值的方法对生成的人脸图像填充新的像素点，如图 5.6(d)所示。该方法能有效地改变人脸图像中头部的姿态，使生成的正面人脸更易于进行分解。并且在 FER 中，当姿态变化较大时，这种人脸正面化非常有效，但在姿态变化较小时效果并不明显。

一些研究使用面部动作编码系统或面部动作单位来表示情绪，但是，一些相关研究表明，基于面部动作编码系统和动作单位的人脸分解方法会破坏情绪部件的完整性，因此它们不是传递完整表情信息的最佳解决方案。与面部动作编码系统或面部动作单

位不同，基于人脸肌肉分割的 FER 方法被认为是更好的选择。解剖学的研究表明，人脸肌肉与表情密切相关，它比面部动作编码系统和动作单位更能准确可靠地表征情绪。根据相关研究的先验知识，可以很容易地得到与表情相关的人脸肌肉的分布。本章同样选择了 5 个与情绪相关的面部区域，包括眼睛区域(额肌、眼轮匝肌和降眉间肌)、鼻子区域(鼻肌)、嘴区域(口轮匝肌、降下唇肌、降口角肌、颈阔肌和笑肌)、左颊区和右颊区(颊肌、嚼肌、颧肌、提上唇肌和颞肌)。

人脸分解过程着重关注表情相关的区域，并有助于消除来自姿势变化的干扰。因此，我们根据人脸特征的关键点画出五个矩形框来覆盖与情绪相关的区域。由于人脸正面化方法将人脸图像的头部姿态保持在合理的范围内，于是可以很容易地定义矩形框的长度和宽度来覆盖相应的面部肌肉，如图 5.7 所示。具体来说，眼睛区域是基于眼睛标记(绿色标记)和眉毛标记(橙色标记)来划分的，将这些特征点的最大值和最小值乘上一个经验系数，以确保矩形框能够覆盖相应的面部肌肉。同样，鼻子区域由鼻子标记(紫色标记)和眼睛标记(绿色标记)决定。根据嘴巴标记(浅绿色标记)计算嘴巴区域。左右脸颊区域由脸部标记(蓝色标记)、鼻子标志(紫色标记)和眼睛标志(绿色标记)所定义。这些面部区域都是根据这些标记的位置进行的分解。最后，它们被进一步调整相应的大小。图 5.7 和表 5.1 充分显示了 PCFD 策略的设置，图 5.7 显示了包含人脸关键点、人脸正面化和相关区域分解的 PCFD 策略。表 5.1 展示了五个矩形框的边界，其中数字序号表示的是被检测到的 68 个人脸的特征点。

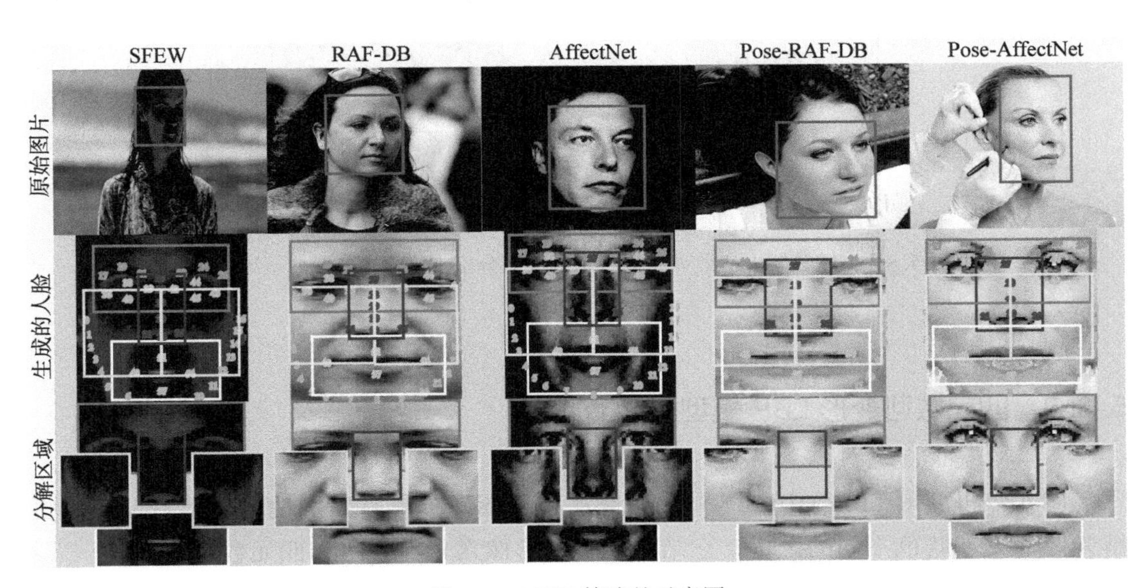

图 5.7 PCFD 策略的示意图

表 5.1　**表情区域矩形框的范围**

脸部区域	左方边界	右方边界	上方边界	下方边界
眼睛区域	0.8 *（17 到 36 最小值）	1.2 *（26 到 45 最大值）	0.7 *（19 到 24 最小值）	1.3 *（40 到 46 最大值）
嘴巴区域	0.9 *（31 到 39 最小值）	1.1 *（35 到 42 最大值）	21 到 22 最小值	1.1 * 33 关键点
鼻子区域	0.7 * 48 关键点	1.3 * 54 关键点	0.7 * 51 关键点	1.3 * 57 关键点
左脸区域	0 到 6 最小值	27 到 30 最大值	36 到 39 最小值	1.2 * 48 关键点
右脸区域	27 到 30 最小值	10 到 16 最大值	42 到 45 最小值	1.2 * 54 关键点

相比已有分割方法只是简单地使用特征点标记或固定位置将人脸图像裁剪成若干关键区域，这些分解方法往往会破坏人脸部件的完整性，因为它们通常将一个人脸部件划分为两个或多个区域。很明显，与将人脸部件划分为几个区域相比，精确裁剪能更有效地提高识别精度。因此，本章提出的人脸分解方法对 FER 任务效果更佳，其对比如图 5.8 所示。

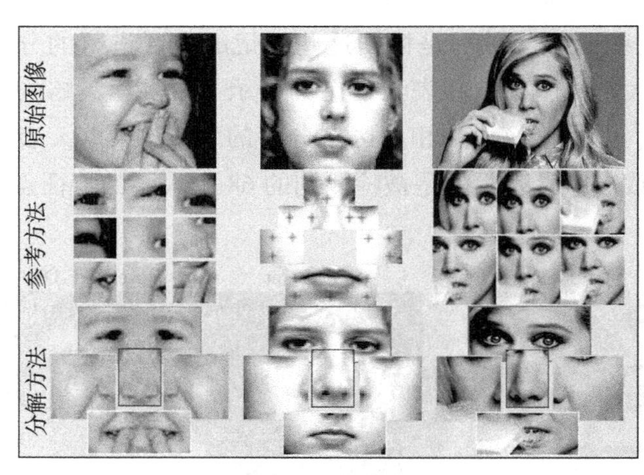

图 5.8　人脸分解方法效果对比，示例图像分别来自参考文献[68],[8],[122]

5.3.3　四元数可变形 LBP 模型

四元数可变形 LBP（QDLBP）的目标是，提取图像中具有判别性的表情特征，以缓解光照变化和肤色不同的干扰。它结合了可变形像素采样方法和四元数 LBP。

当头部姿态变化较大时，PCFD 策略是非常有效的。但对于轻微的头部姿势变化，它几乎没有影响。因此，本章提出了一种可变形采样方法来处理这些微小的头部姿势变化，该方法能根据人物头部姿态自适应地改变采样位置。如图 5.9（a）所示，如果人脸是正脸（偏航、俯仰和滚转角为零），像素采样范围则为一个正圆。但是当头部姿态发生轻微变化时，像素采样范围会根据偏航、俯仰和滚转的角度变形为一个椭圆，如图 5.9(b) 所示。变形的椭圆比正圆更适合于姿态变化的人脸，如图 5.10 所示。

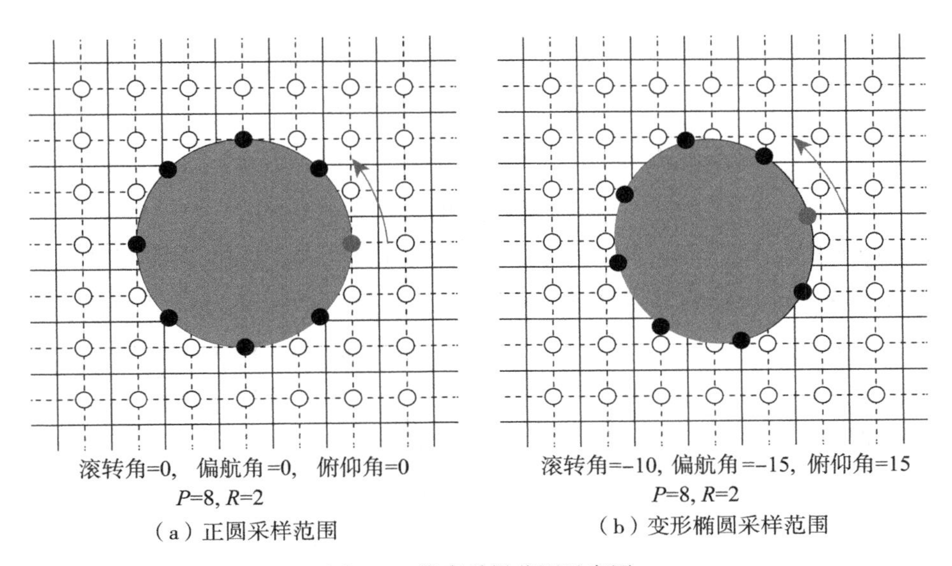

（a）正圆采样范围　（b）变形椭圆采样范围

图 5.9　像素采样范围示意图

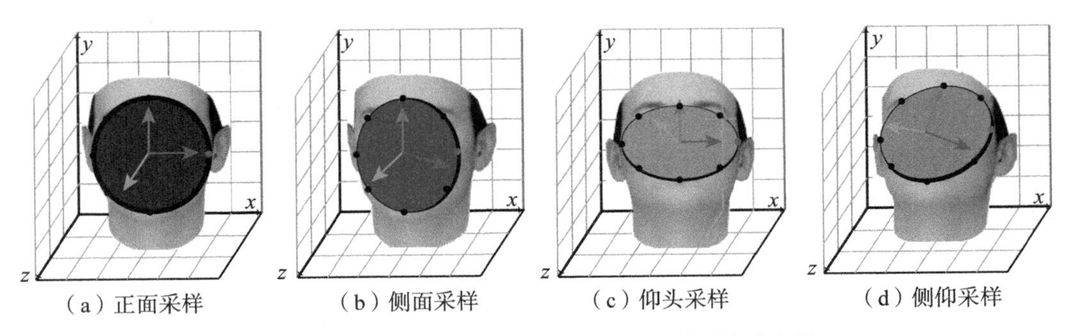

（a）正面采样　（b）侧面采样　（c）仰头采样　（d）侧仰采样

图 5.10　采样范围根据头部姿态变形为椭圆的示意图

可变形采样方法的目的是将采样范围从一个正圆改为一个自适应姿态变化的椭圆。具体来说，通过头部姿态估计算法得到头部的偏航、俯仰和滚转角度，然后根据姿态角和三维旋转矩阵，在三维空间内旋转正圆的采样范围，最后，由于人脸图像在 X-Y 平面上，旋转后的正圆投影到 X-Y 平面上就变成了椭圆。三维空间里围绕 Z、Y 和 X 轴旋转的三维旋转矩阵可以通过下式来表示：

$$\begin{cases} R_z(\mathrm{roll}) = \begin{bmatrix} \cos(\mathrm{roll}) & -\sin(\mathrm{roll}) & 0 \\ \sin(\mathrm{roll}) & \cos(\mathrm{roll}) & 0 \\ 0 & 0 & 1 \end{bmatrix} \\ R_y(\mathrm{yaw}) = \begin{bmatrix} \cos(\mathrm{yaw}) & 0 & \sin(\mathrm{yaw}) \\ 0 & 1 & 0 \\ -\sin(\mathrm{yaw}) & 0 & \cos(\mathrm{yaw}) \end{bmatrix} \\ R_x(\mathrm{pitch}) = \begin{bmatrix} 1 & 0 & 0 \\ 0 & \cos(\mathrm{pitch}) & -\sin(\mathrm{pitch}) \\ 0 & \sin(\mathrm{pitch}) & \cos(\mathrm{pitch}) \end{bmatrix} \end{cases} \tag{5.8}$$

这里，$R_z(\mathrm{roll})$、$R_y(\mathrm{yaw})$ 和 $R_x(\mathrm{pitch})$ 是分别围绕 Z、Y 和 X 轴的旋转矩阵。因此，以椭圆区域进行采样的邻域像素（x'_p，y'_p，z'_p）可以被定义为式(5.9)。

$$(x'_p,\ y'_p,\ z'_p) = (x_p,\ y_p,\ z_p) \cdot R_z(\mathrm{roll})R_y(\mathrm{yaw})R_x(\mathrm{pitch}) \tag{5.9}$$

这里，(x_p，y_p，z_p) 是正圆上的原始采样点，由于正圆和椭圆都是在 X-Y 平面上，因此，z_p 和 z'_p 都为 0，那么变形采样点（x'_p，y'_p）可以表示为

$$\begin{cases} x'_p = x_p\cos(\mathrm{roll})\cos(\mathrm{yaw}) + y_p\sin(\mathrm{roll})\cos(\mathrm{yaw}) \\ y'_p = x_p(\cos(\mathrm{roll})\sin(\mathrm{yaw})\sin(\mathrm{pitch}) - \sin(\mathrm{roll})\cos(\mathrm{pitch})) \\ \quad + y_p(\sin(\mathrm{roll})\sin(\mathrm{yaw})\sin(\mathrm{pitch}) + \cos(\mathrm{roll})\cos(\mathrm{pitch})) \end{cases} \tag{5.10}$$

得到变形的采样点后，即根据头部姿态重新定义了采样范围。接下来，就是利用四元数颜色采样算法，将表情图像中的颜色和纹理编码为新的 LBP 特征。在模型中，首先需要将彩色人脸图像转换为四元数矩阵，红色、绿色和蓝色通道的像素值分别赋予四元数矩阵的三个虚部，四元数矩阵的实部则是附加的信息项。然后，使用彩色图像的色调和梯度作为附加信息项，其表达方式如下：

$$Q_H(x,\ y) = \mathrm{Hue}(x,\ y) + R(x,\ y)i + G(x,\ y)j + B(x,\ y)k \tag{5.11}$$

$$Q_G(x,\ y) = \mathrm{Grad}(x,\ y) + R(x,\ y)i + G(x,\ y)j + B(x,\ y)k \tag{5.12}$$

色调是颜色空间的主要特征之一，代表纯光谱颜色的主要波长。由于色调是由大脑中的特定区域处理的，对人类视觉系统来说，它比 RGB 表示能更直观地刺激大脑。一些相关的工作已经证实将色调应用在不同光照条件下的颜色纹理分割的任务中能取得不错的实验效果。色调定义为

$$\mathrm{Hue} = \begin{cases} \cos^{-1}\left(\dfrac{0.5[(R-G)+(R-B)]}{\sqrt{(R-G)^2+(R-B)(G-B)}}\right), & G \geqslant B \\ 2\pi - \cos^{-1}\left(\dfrac{0.5[(R-G)+(R-B)]}{\sqrt{(R-G)^2+(R-B)(G-B)}}\right), & G < B \end{cases} \tag{5.13}$$

这里 R, G, B 是三个通道中的像素值。由式(5.13)可以得到每个像素的色调，并将其赋值给四元数的附加信息项。

颜色梯度是处理彩色图像时提取的边缘信息，由 Zenzo 于 1986 年提出。相关工作已经证明了颜色梯度是一种有效的颜色信息处理工具，然而，Zenzo 在原本的工作中并没有解决梯度方向不确定的问题。后来，Jin 等对颜色梯度的计算方法开展了进一步的研究，并提出新的方法解决了这一问题。RGB 彩色图像的梯度定义：

$$M = \frac{1}{2}\left((E + H) + \sqrt{(E-H)^2 + (2F)^2}\right) \tag{5.14}$$

$$\theta = \begin{cases} \mathrm{sgn}(F)\arcsin\left(\dfrac{M - E}{2M - E - H}\right)1/2 + k\pi, & (E - H)^2 + F^2 \neq 0 \\ \text{Undefined}, & \text{其他} \end{cases} \tag{5.15}$$

这里，M 是梯度模值，θ 代表的是梯度方向，且 E，F 和 H 可以如式(5.16)所示进行计算。

$$\begin{cases} E = \left(\dfrac{\partial R}{\partial x}\right)^2 + \left(\dfrac{\partial G}{\partial x}\right)^2 + \left(\dfrac{\partial B}{\partial x}\right)^2 \\ F = \dfrac{\partial R}{\partial x}\dfrac{\partial R}{\partial y} + \dfrac{\partial G}{\partial x}\dfrac{\partial G}{\partial y} + \dfrac{\partial B}{\partial x}\dfrac{\partial B}{\partial y} \\ H = \left(\dfrac{\partial R}{\partial y}\right)^2 + \left(\dfrac{\partial G}{\partial y}\right)^2 + \left(\dfrac{\partial B}{\partial y}\right)^2 \end{cases} \tag{5.16}$$

这里的 sgn(·)是符号函数：

$$\mathrm{sgn}(F) = \begin{cases} 1, & F \geqslant 0 \\ -1, & F < 0 \end{cases} \tag{5.17}$$

在式(5.12)中，Grad(x, y)是彩色图像的梯度的模值：

$$\mathrm{Grad}(x, y) = M(x, y) \tag{5.18}$$

基于彩色图像的两种四元数表示，本章提出了一种新的四元数 LBP 算子。该四元数 LBP 既包含了色调四元数特征 $Q_H(x, y)$、梯度四元数特征 $Q_G(x, y)$ 以及它们的加权平均值。图 5.11 展示了四元数 LBP 算子的整体架构。

为了从图像中提取四元数 LBP 特征，我们结合四元数矩阵的幅值和相位构造了一个新的 LBP 算子。假设 q_r 代表着参考像素，q_s 代表着 q_r 的领域像素，并且 θ_s 和 θ_r 分别是 q_s 和 q_r 的相位，它们可以通过四元数代数轻松算得。接着，可以定义 LBP 中的阈值函数为

$$f(q_r, q_s) = s(s(|q_r| - |q_s|) + s(T - |\theta_r - \theta_s|) - 1) \tag{5.19}$$

这里，$s(\cdot)$ 代表着单位阶跃函数，T 是决定相位范围的阈值。

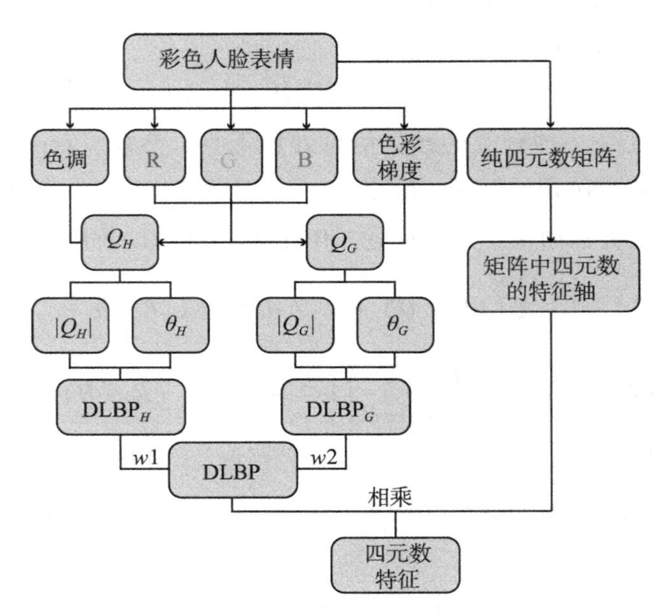

图 5.11　四元数颜色采样的工作流程示意图

基于阈值函数 $f(q_r,\ q_s)$，一个新的可变形采样 LBP 描述子定义为

$$\mathrm{DLBP}_{P,\ R}(q_r)=\sum_{p=0}^{P-1}\left[f(q_r,\ q_s)\cdot 2^p\right] \tag{5.20}$$

这里，P 代表采样点的数目，R 是变形采样方法中采样椭圆的原始采样半径。依据式(5.20)，可以在 $Q_H(x,\ y)$ 和 $Q_G(x,\ y)$ 上计算得到 DLBP 的特征值。最后，该 DLBP 特征值的计算方法如下：

$$\mathrm{DLBP}(q_r)=w_1\cdot \mathrm{DLBP}_H(q_r)+w_2\cdot \mathrm{DLBP}_G(q_r) \tag{5.21}$$

从式(5.21)中可以看出，$\mathrm{DLBP}(q_r)$ 是实数并且可以认为是四元数特征的强度。为了保持颜色通道之间的光谱相关性，可以将其与像素的特征轴相乘，得到具有通道完整性的四元数 LBP，其计算方式如下：

$$\mathrm{QDLBP}(q_r)=\mathrm{DLBP}(q_r)\cdot\frac{q'_r}{|q'_r|} \tag{5.22}$$

这里，q'_r 表示的是将实部设置为零的 q_r 的纯虚数。很显然，QDLBP 算子不仅给出了提取特征的强度，而且保持了通道之间的光谱相关性。图 5.12 展示了 DLBP_H、DLBP_G、QDLBP 的幅值和传统 LBP 算法提取特征的不同。从图中可以看出，DLBP_H 集中于不同的颜色区域，DLBP_G 包含了丰富的边缘纹理。QDLBP 的幅值融合了这两种不同的特征。相比于传统的 LBP 特征，QDLBP 明显能提取更多与表情相关的细节。

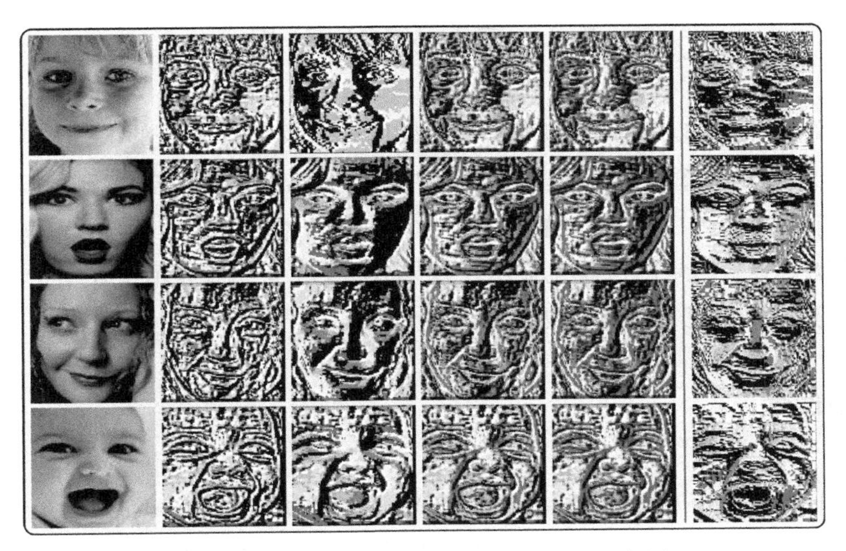

图 5.12　原始图像与描述子提取的特征示意图

5.3.4　四元数分类网络

四元数分类网络(Quaternion Classification Network，QC-Net)是由四元数卷积层、四元数全连通层和四元数非线性层组成的一种浅层分类网络。与相同结构的实值 CNN 相比，四元数层组成的网络可以减少 75%的网络参数，但识别的性能并没有下降。因此，可以利用四元数层构建一个浅层分类网络 QC-Net，它能够准确有效地将四元数特征分为七种情绪状态。QC-Net 的网络结构如图 5.13 所示。

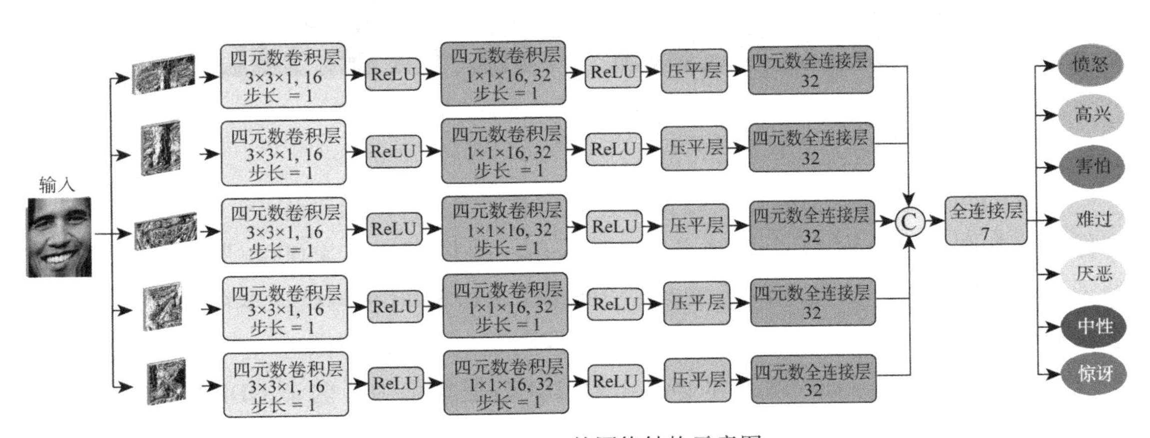

图 5.13　QC-Net 的网络结构示意图

5.4　实验及结果分析

本节介绍的是 QDLBP-Net 在户外 FER 数据集以及带有姿态的 FER 数据集上进行评估的实验。5.4.1 节介绍了进行评估的实验所需要的数据集；5.4.2 节介绍了 QDLBP-Net 在数据集中的实验设置；5.4.3 节展示了 QDLBP-Net 与消融实验的结果；5.4.4 节呈现了实验结果的可视化显示及效果分析；5.4.5 节展示了在三个户外数据集上模型的实验结果与已有先进方法的对比论证。

5.4.1　数据集

在三个户外环境下的 FER 数据集(SFEW、RAF-DB 和 AffectNet)以及带有姿态的 FER 数据集(Pose-AffectNet 和 Pose-RAF-DB)上，对提出的 QDLBP-Net 进行了实验评估。这些户外环境下的 FER 数据集包含了大量来自真实场景的无约束人脸图像，其中一些表情示例如图 5.14 所示。

图 5.14　户外环境条件下的人脸表情图像示例

本章的实验增加了 AffectNet 数据集，它包含了从互联网上收集的 100 多万张面部图像，这些图像被分为 11 个情绪类别，AffectNet 提供了超过 450000 张人工标注的表情图像。在实验中，只使用包括 28000 个训练样本和 3500 个测试样本在内的 7 种基本表情进行了评价(每种情绪有 4000 个训练图像和 500 个测试图像)。

带有姿态的 Pose-AffectNet 和 Pose-RAF-DB 数据集是为了验证 QDLBP-Net 在非正面头部姿态变化环境下的识别性能而从 RAF-DB 和 AffectNet 中挑选出来的。这两个数据集包含了头部姿态变化角度大于 30°和 45°的人脸图像。其中，Pose-AffectNet 包含

1948 个训练样本和 985 个测试样本，Pose-RAF-DB 包含 1248 个训练样本和 558 个测试样本。

5.4.2 实验环境及参数设置

提出的 QDLBP-Net 模型与前两章模型的实验环境一致。3D-FAN 是较先进的 3D 人脸关键点探测器，可以准确地定位人脸的 68 个关键点。基于这些 3D 人脸关键点，可以计算得到头部姿态的偏航角、俯仰角和滚转角。若偏航角超过模型的限制，则会进行人脸正面化，生成正面视角的人脸图像。然后，根据图 5.5 和表 5.1 将人脸的正面图像分解为五个与表情相关的人脸区域，这五个区域包括眼睛区域、鼻子区域、嘴区域、左脸颊区域和右脸颊区域。接下来，提出 QDLBP 描述子对这些人脸区域进行特征提取，该描述子包含可变形像素采样区域和四元数颜色采样方法。可变形像素的采样点个数为 $P=8$ 而采样半径 $R=2$，四元数颜色采样设定的阈值 $T=50$，权值 w_1，$w_2=0.5$。最后，QC-Net 浅层分类网络将 QDLBP 描述子提取的四元数特征分类为七种目标表情。

5.4.3 消融实验

PCFD 策略是 QDLBP-Net 的第一步，它保证裁剪的面部区域与特定的面部肌肉相关联。该策略的目的是将头部姿态进行矫正和正面化人脸，以确保裁剪后的面部区域与特定的肌肉相关联。为了验证 PCFD 策略在模型中的有效性，本章用简单的人脸裁剪方法代替 PCFD，构建了 QDLBP without PCFD 模型，它会根据人脸特征点将面部图像分成五个固定的小块。QDLBP 是 QDLBP-Net 的第二步，从五个人脸区域中提取表情特征，为了验证 QDLBP 的有效性，用传统的 LBP 描述子代替 QDLBP 构造了 LBP-Net。QC-Net 是 QDLBP-Net 中的最终分类器，为了验证其有效性，将 QDLBP-Net 的四元数层替换为相应的实值层，构建了 QDLBP-Real-Net 来进行测试。

在相同的实验设置下，对 QDLBP-Net、QDLBP without PCFD、LBP-Net 和 QDLBP-Real-Net 分别进行了实验评估。图 5.15(详见文末彩图)给出了在 SFEW、RAF-DB 以及 AffectNet 数据集上，QDLBP-Net 和三个对比模型的训练损失和识别准确率。通过图 5.15 展示的曲线可以观察到，与 QDLBP without PCFD、LBP-Net 和 QDLBP- Real-Net 相比，QDLBP-Net 总体上具有更快的模型收敛速度、更小的训练损失值和更高的识别精度。表 5.2 给出了 QDLBP-Net 和对比模型在三个数据集上的识别精度。由表 5.2 可知，QDLBP-Net 在 SFEW、RAF-DB 和 AffectNet 数据集上的识别准确率分别比 QDLBP

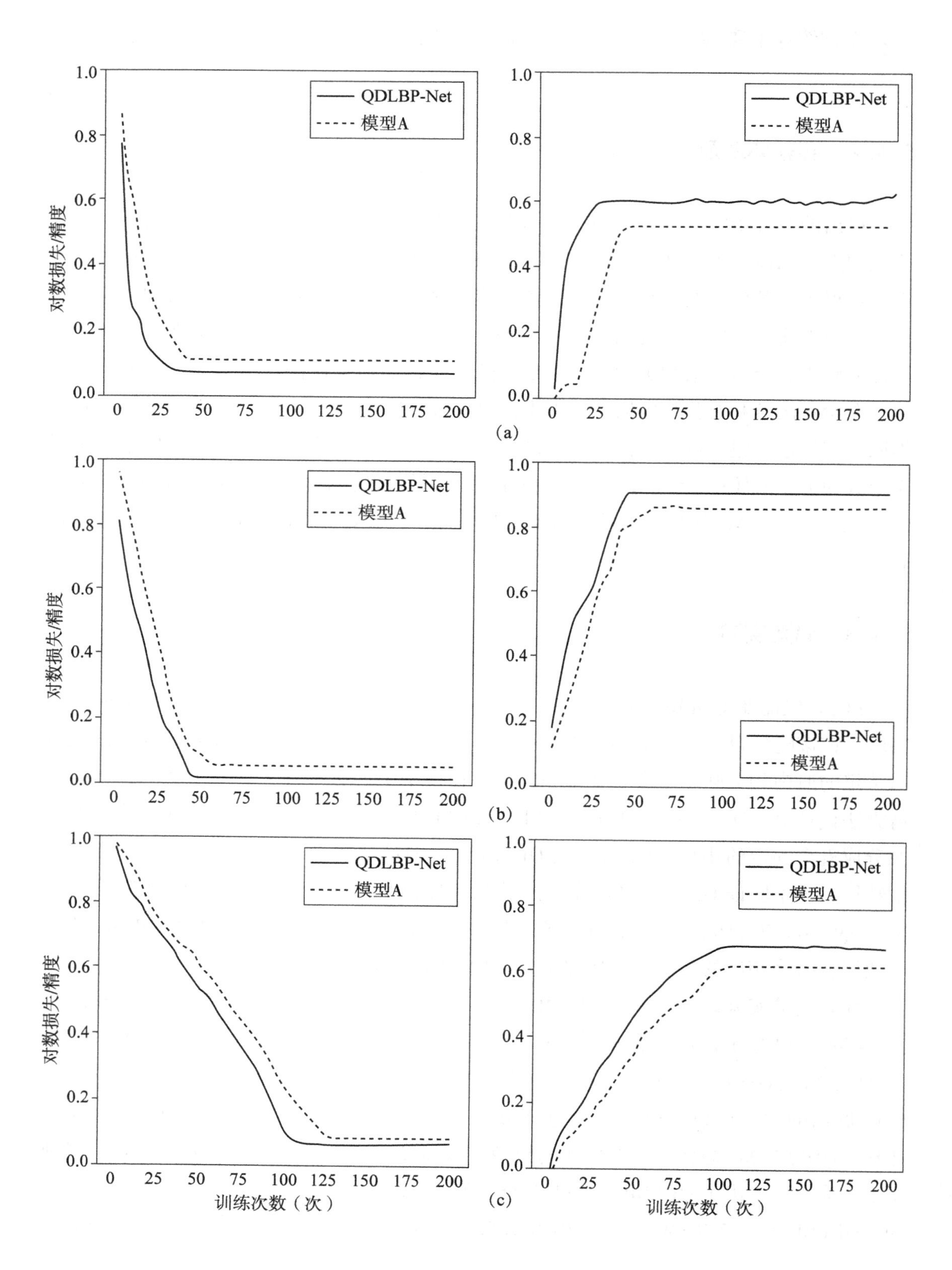
QDLBP-Net
模型A
对数损失/精度
训练次数（次）
0
25
50
75
100
125
150
175
200
0.0
0.2
0.4
0.6
0.8
1.0
(a)
(b)
(c)

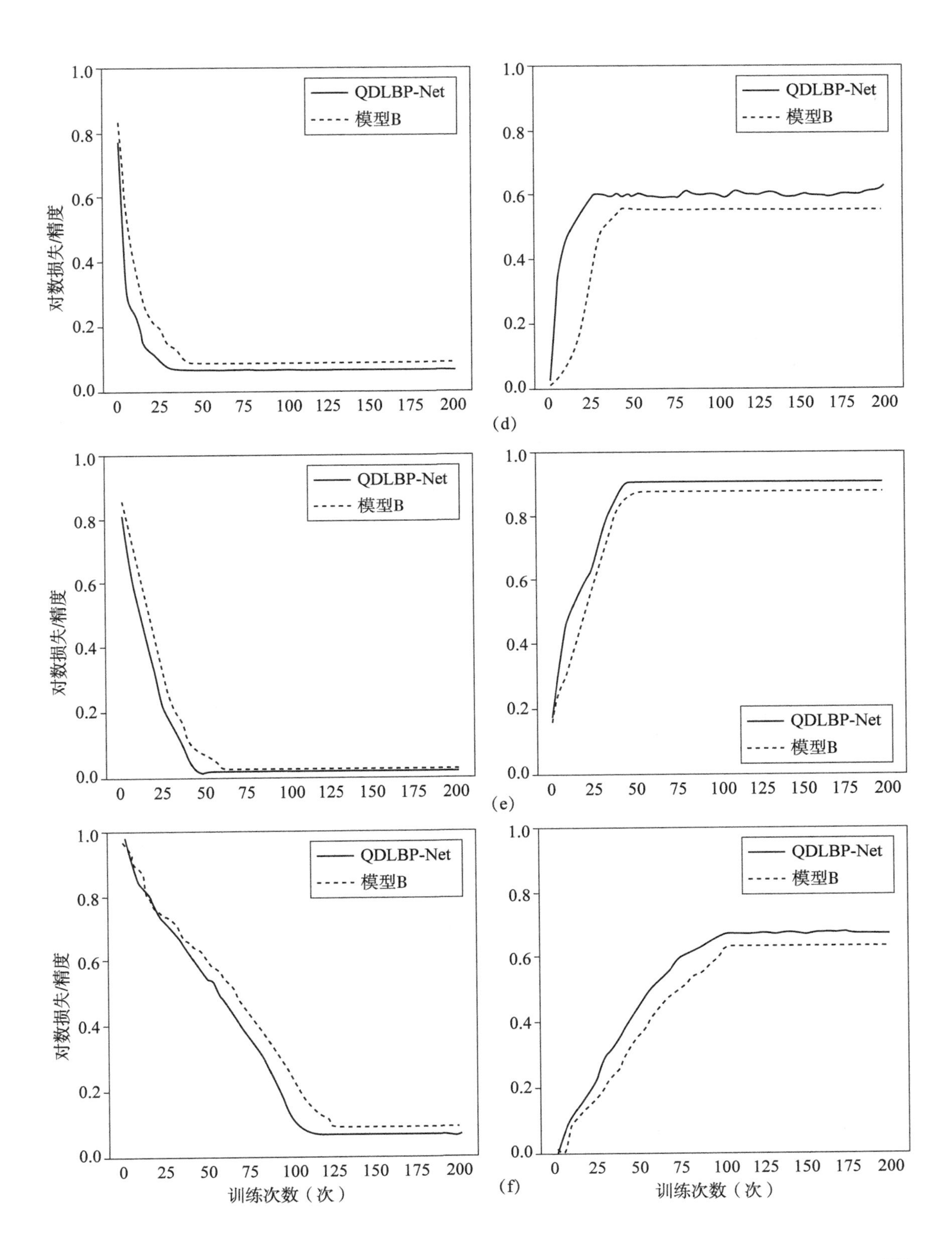
QDLBP-Net
模型B
对数损失/精度
1.0
0.8
0.6
0.4
0.2
0.0
0
25
50
75
100
125
150
175
200
训练次数（次）
(d)
(e)
(f)

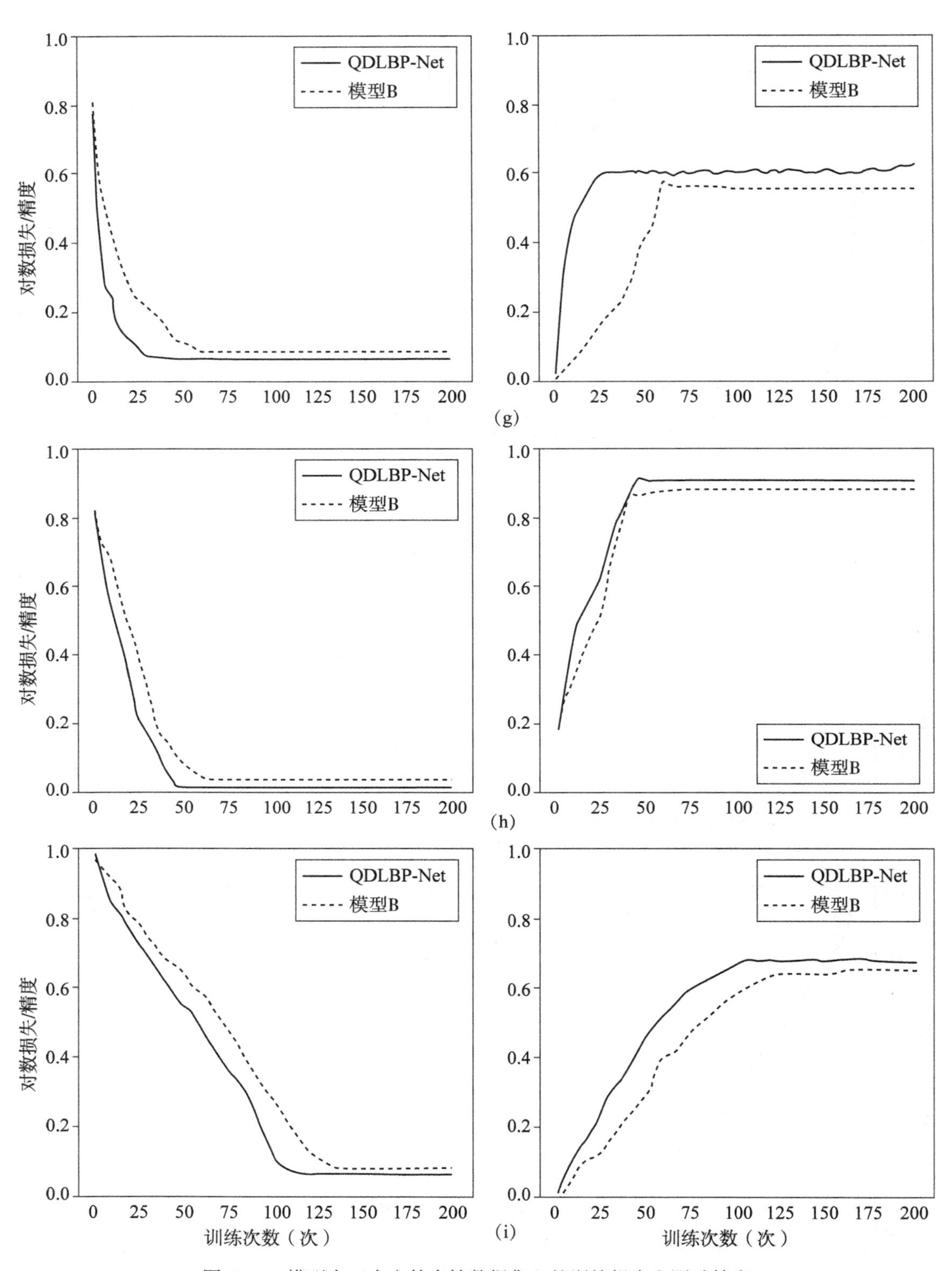

图 5.15 模型在三个户外表情数据集上的训练损失和测试精度

without PCFD 高出 7.78%、3.57%、5.59%。同样，QDLBP-Net 在三个数据集上的识别精度也分别比 LBP-Net 高出 4.79%、1.98%、3.59%。相比于 QDLBP-Real-Net 在三个数据集上的识别精度，QDLBP-Net 也分别高出了 5.14%、1.67%、2.52%。由此可见，通过消融实验的结果比较，QDLBP-Net 中的每个部件都对识别精度发挥着重要的作用。

表 5.2　**提出的 QDLBP-Net 和对比模型在三个野外数据集上的最终识别精度**

数据集	SFEW	RAF-DB	AffectNet
QDLBP without PCFD	52.62%	86.07%	61.72%
LBP-Net	55.61%	87.66%	63.72%
QDLBP-Real-Net	55.26%	87.97%	64.79%
QDLBP-Net	60.40%	89.64%	67.31%

图 5.16 还显示了 QDLBP-Net、QDLBP without PCFD、LBP-Net 和 QDLBP-Real-Net 在三个数据集上的混淆矩阵示意图。混淆矩阵中的精度表明，相比于 QDLBP without PCFD，QDLBP-Net 在各个表情类别上都具有更高的识别精度和更强的泛化能力。对于 LBP-Net 来说，除了 RAF-DB 中的悲伤表情之外，QDLBP-Net 也在各个不同的表情上都拥有比 LBP-Net 更高的识别精度。对于 QDLBP-Real-Net 而言，QDLBP-Net 除了对 SFEW 中的惊奇表情和对 RAF-DB 中的悲伤表情的识别精度与它的识别精度相同以外，对三个数据集上其他表情的识别准确率均高于 QDLBP-Real-Net。混淆矩阵的实验结果表明，QDLBP-Net 的性能优于三个对比模型。

5.4.4　结果的可视化显示及效果分析

为了更直观地展示模型在表情识别任务上的性能，使用了 t-SNE 方法对基准模型和 QC-Net 输出的特征分别进行了可视化。像在其他工作中一样，本章选择了训练好的 ResNet-18 网络当作基准模型。t-SNE 方法能够显示 QDLBP-Net 模型从数据集中学习到的潜在特征，它将从基准模型和 QC-Net 中提取的特征进行了比较。从图 5.17 的可视化结果中可以清楚地观察到模型的分类效果。图 5.17 的第一行展示了利用基准网络从三个户外表情数据集(SFEW、RAF-DB 和 AffectNet)中提取到的特征分布，图 5.17 中的第二行展示了利用 QC-Net 从三个数据集中提取到的特征分布。t-SNE 使用不同颜色的点来表示七种不同的表情特征。

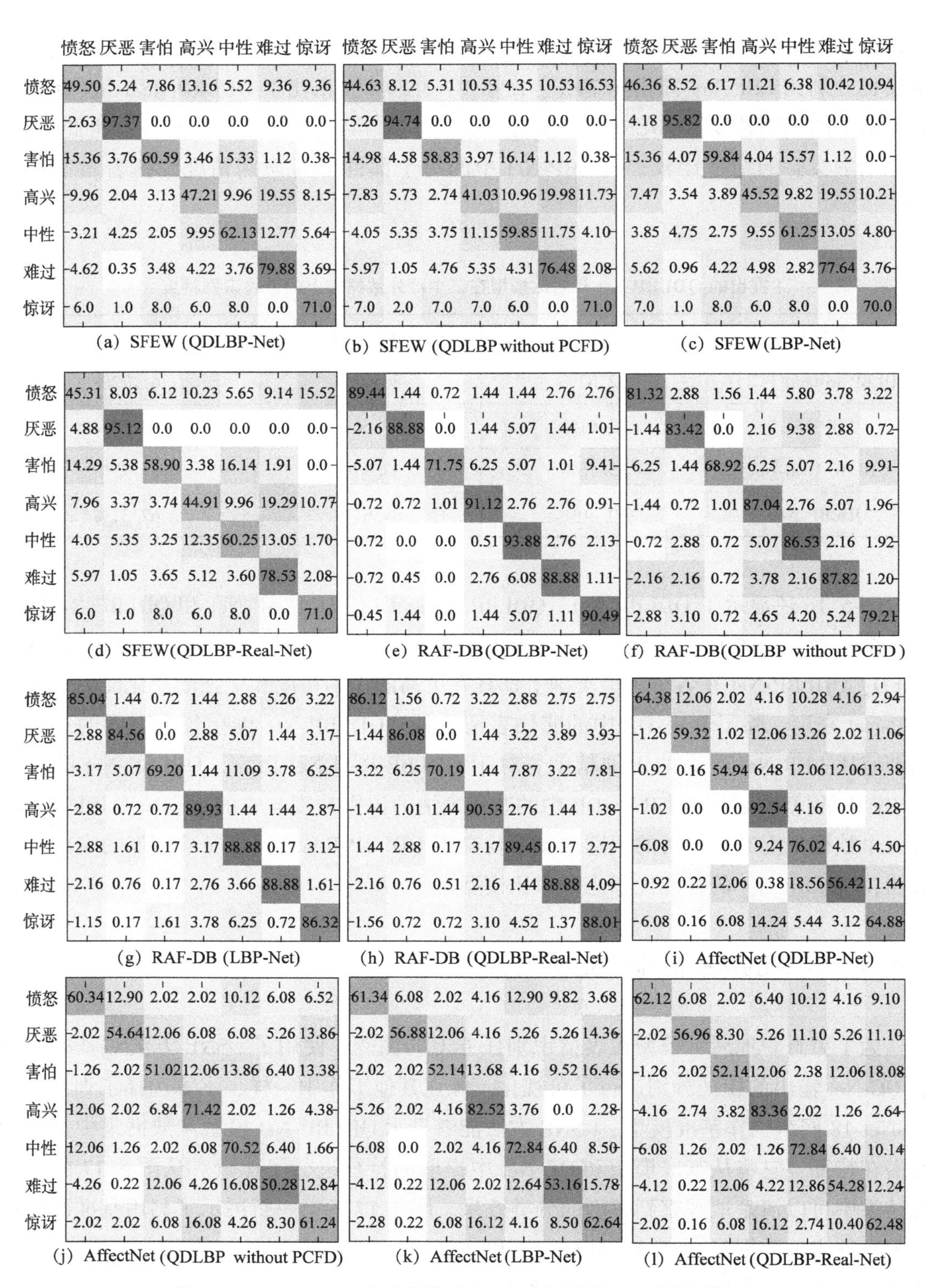

(a) SFEW (QDLBP-Net)　(b) SFEW (QDLBP without PCFD)　(c) SFEW(LBP-Net)

(d) SFEW(QDLBP-Real-Net)　(e) RAF-DB(QDLBP-Net)　(f) RAF-DB(QDLBP without PCFD)

(g) RAF-DB (LBP-Net)　(h) RAF-DB (QDLBP-Real-Net)　(i) AffectNet (QDLBP-Net)

(j) AffectNet (QDLBP without PCFD)　(k) AffectNet (LBP-Net)　(l) AffectNet (QDLBP-Real-Net)

图 5.16　QDLBP-Net 和比较模型在三个户外数据集上的混淆矩阵

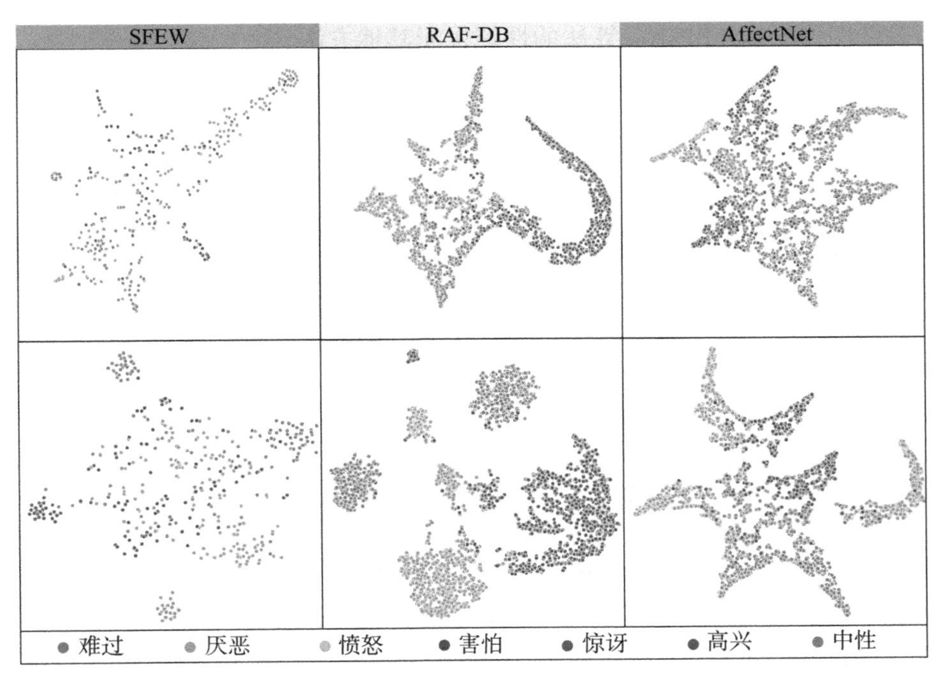

图 5.17 原始数据和 QC-Net 输出特征的 t-SNE 可视化结果(书后附彩色版本插图)

从图 5.17 的可视化结果来看，可以观察到与基准网络提取的表情特征(第一行)相比，QC-Net 提取的表情特征(第二行)更容易被分割成七个不同的紧凑类别。由于 SFEW 数据集相对较小，因此在愤怒和快乐表情中存在一些重叠。尽管如此，QDLBP-Net 仍然缩小了表情类内的特征，扩大了表情类间的特征。对于 RAF-DB 数据集，QDLBP-Net 相比于基准网络，类内特征分布更紧密，类间特征分离清晰，但存在一些分类错误。对于 AffectNet 数据集，QDLBP-Net 也能够抑制类内特征的差异而扩大类间特征的变化。

5.4.5 与其他方法的对比

本章将提出的 QDLBP-Net 模型与其他年代相近且有比较价值的模型在三个 FER 数据集和两个非正面的 FER 数据集上进行了比较。值得说明的是，相近的模型的精度都来自他们的原始论文。为了公平比较，QDLBP-Net 模型和表中列出的先进模型都采用相同的评价策略进行实验评估。

为了评价 QDLBP-Net 模型在非正面姿态变化数据集上的识别性能，分别在 Pose-AffectNet 和 Pose-RAF-DB 数据集上进行了对比实验，表 5.3 给出了 QDLBP-Net 模型和其他方法在两个非正面FER数据集上的识别精度。结果表明，对于头部位姿大于30°和45°的表情图像，QDLBP-Net算法的性能优于其他方法。

表5.3 **提出的QDLBP-Net模型和一些先进方法在非正面FER数据集上的识别精度**

方法	AffectNet		RAF-DB	
	头部偏转≥30°	头部偏转≥45°	头部偏转≥30°	头部偏转≥45°
基准网络	50.10%	48.50%	84.04%	83.15%
RAN [122]	53.90%	53.19%	86.74%	85.20%
MA-Net [70]	57.51%	57.78%	87.89%	87.99%
EfficientFace [71]	57.36%	56.87%	88.13%	86.92%
QDLBP-Net	**59.12%**	**58.24%**	**88.93%**	**87.96%**

表5.4将QDLBP-Net与其他端到端方法的参数量和浮点运算次数进行了全面的比较。从表中可知，QDLBP-Net总共需要2217万个参数和8991万次浮点运算次数。其中，包括PCFD和QDLBP的预处理操作需要1266万个参数和6438万次浮点运算次数，分类器QC-Net总共需要851万个参数和2553万次浮点运算次数。尽管相比其他端到端FER模型，QDLBP-Net的运算参数没有达到最小，但是它有效地减少了浮点运算次数的数量，减少了模型的计算复杂度。因此，可以说明，QDLBP-Net在FER的识别精度和计算复杂度两个方面达到了很好的平衡。

表5.4 **提出的QDLBP-Net和一些先进方法的计算复杂度比较**

方法	参数量(百万)	浮点运算次数(百万)
Baseline	11.18	1818.56
gACNN	>134.29	>15479.79
RAN	11.19	14548.45
EfficientFace	**1.28**	154.18
QDLBP-Net	21.17	**89.91**

在户外的FER数据集上，QDLBP-Net与若干个先进的模型进行了比较，表5.5中模型的识别精度都来自它们的原始论文，为了进行公平的比较，表中列出的QDLBP-Net模型和其他模型都采用相同的策略进行了评估。

表 5.5 **提出的 QDLBP-Net 和一些先进方法的精度**

数据集	方法	预训练	识别精度	年代
SFEW	DLP-CNN	×	51.05%	2017
	Island Loss	✓	52.52%	2018
	ECAN	✓	54.34%	2020
	EmotiW-1	✓	55.96%	2015
	Covariance Pooling	✓	58.14%	2018
	MA-Net	✓	59.40%	2020
	FDRL	✓	62.16%	2021
	QDLBP-Net	×	60.40%	2021
RAF-DB	DLP-CNN	×	74.20%	2017
	gACNN	×	85.07%	2018
	MA-Net*	×	86.32%	2020
	EfficientFace	×	88.36%	2021
	MA-Net	✓	88.40%	2020
	FDRL	✓	89.47%	2021
	PT-SEResNet50-1R	✓	89.57%	2021
	QDLBP-Net	×	89.64%	2021
AffectNet	pACNN	×	55.33%	2018
	PT-SEResNet50-1R	✓	58.54%	2021
	gACNN	×	58.78%	2018
	DDA-Loss	✓	62.34%	2020
	EfficientFace	×	63.70%	2021
	MA-Net	✓	64.53%	2020
	VTFF [73]	✓	64.80%	2021
	QDLBP-Net	×	67.31%	2021

对于 SFEW 数据集而言，DLP-CNN、Island Loss、ECAN、EmotiW-1、Covariance Pooling 和 MA-Net 均获得较好的识别性能。此外，FDRL 使用了一个预训练模型作为基础网络，识别精度达到了 62.16%，而提出的 QDLBP-Net 在没有任何预训练模型的情况下获得了 60.40%的识别准确率。对于 RAF-DB 数据集，DLP-CNN、gACNN、从零开始训练的 MA-Net 以及经过预训练的 MA-Net、EfficientFace、FDRL 和 PT-SEResNet50-1R 都实现了较高的识别准确率，从表 5.5 可以看出，所提出的 QDLBP-Net 的性能略

优于其他先进方法的性能。对于 AffectNet 数据集，pACNN、gACNN、PT-SEResNet50-1R、DDA-Loss、EfficientFace、MA-Net 和 VTFF 均表现良好。可以看出，在 AffectNet 数据集上，提出的 QDLBP-Net 方法比其他先进方法的识别准确率还提高了 2.51%。

5.5　本章小结

本章为了解决头部姿势变化和不同光照及肤色等 FER 中存在的问题，提出了一个 QDLBP-Net 模型来完成彩色 FER 任务，它由 PCFD 策略、QDLBP 描述子和 QC-Net 浅层网络组成。QDLBP-Net 在对人脸进行分解时，首先采用 PCFD 策略对人脸姿态进行校正，确保特定的人脸区域对应特定的面部肌肉。然后，在模型中引入 QDLBP 描述子，它采用可变形采样的方式提取四元数 LBP 特征，以适应头部姿态的微小变化。QC-Net 将提取到的四元数 LBP 特征划分为七种情绪，该网络在提升识别精度的情况下还减小了模型复杂度。t-SNE 可视化结果和对比实验充分证明了 QDLBP-Net 模型在彩色 FER 任务中的有效性。

第6章　基于四元数域 Transformer 模型的人脸表情识别*

为了解决 FER 任务中对不同清晰度人脸图像捕捉各类细粒度特征的关键问题，并且在模型框架中充分利用人脸的颜色线索，本章提出了四元数域 Transformer 模型结构。该模型能有效利用颜色光谱信息，并集合卷积神经网络(CNN)对局部特征分析的优势和 Transformer 对全局像素的建模能力，充分提取和融合各类细粒度的表情特征，提高了模型对图像中人脸表情的识别能力。相比于传统的网络框架，该模型既能捕捉人脸局部特征(肌肉纹理变化)，也能考虑到全局像素关系(五官轮廓变化)，因此在面对不同清晰度的人脸时有更强的表情识别能力。对于本章提出的模型，在多个广泛使用的表情数据集(SFEW、RAF-DB、AffectNet 和 ExpW)上进行了实验评估，充分验证了四元数域 Transformer 模型的优越性。

6.1　局部特征和全局像素关系的捕捉方法

在处理清晰度不同的图像时，基于卷积神经网络的方法通过自适应池化、特征金字塔网络和特征融合等技术进行拓展，以适应图像尺寸的变化和特征的多尺度融合。然而，这些方法存在一些局限性。自适应池化虽能够有效调整图像尺寸，但在这个过程中容易造成细节丰富的敏感信息丢失。特征金字塔网络主要通过简单的上下采样操作来融合不同尺度的特征，这种方式在处理高度细粒度的复杂特征时效果有限，同时也带来了较大的计算复杂度。此外，特征融合策略的选择依赖于主观经验，增加了方法的随机性。并且卷积神经网络的基本单元，因其结构的局限，通常只能捕捉到如肌肉纹理这样的局部特征，而难以关注到全局像素层面的五官轮廓变化。这种局限在面对低清晰度的人脸图像时尤为明显，使得关键特征的提取变得困难。

为了弥补这些局限，2020 年以来，Transformer 因其卓越的全局建模能力被引入图像处理领域，并迅速展现出其优异的性能。例如，Xue 等利用 Transformer 改进了表情

* 本章的部分内容发表于 IEEE International Conference on Acoustics, Speech and Signal Processing (ICASSP), 2023, 1-5。

识别技术，并成功超越了传统 CNN 模型的识别效果。然而，Transformer 模型由于缺乏像卷积或递归这样具有局部性偏置的结构，虽然在处理全局像素关系方面表现优异，但在处理具有强烈局部性的特征（如肌肉纹理）时效果却不如 CNN 直接有效。针对上述问题，有研究尝试将 CNN 的局部特征提取能力与 Transformer 的全局像素建模能力相结合，开发出新型的混合网络模型（Rui Zhao，et al.，2022；Yongfang Tao，et al.，2024）。这种混合网络模型旨在同时捕捉局部细节和全局信息，提升模型在处理各种清晰度的图像时的性能。尽管这种方法的研究还相对较少，但已经展示了其在细粒度特征提取方面的潜力，预示着这一方向的深入研究可能会开启图像处理领域的新篇章。综上所述，设计能够同时捕捉局部特征和全局像素关系的混合模型，不仅能够提高模型对图像细节的敏感性，还能增强模型对不同图像清晰度的适应性和鲁棒性，这是图像处理领域中一个非常值得探索的新的研究方向。

本章针对不同清晰度的人脸图像中各类细粒度表情特征的提取问题进行深入探讨。为了更有效地处理这一问题，我们结合了多个四元数神经网络的优势，提出了一个新型的四元数 Transformer 模型框架，并通过四元数代数运算提高模型在处理图像时的分析能力和计算效率。在本模型框架中，首次引入并提出了四元数小波图像表征方法。四元数小波变换能够在保持图像信息完整性的同时，有效地分离和表达图像中的不同频率成分，这对于增强模型对于细节和纹理的感知能力尤为关键。通过使用四元数小波系数来表示人脸图像中的各类模式的特征，可以有针对性地筛选出与表情相关的线索。进一步地，本模型框架还构建了四元数域的核心网络单元，包括四元数自注意力、四元数卷积、四元数全连接层和四元数非线性层。四元数自注意力单元能够在保持数据四维结构的同时，有效地对输入数据的空间关系进行建模。四元数卷积单元则利用四元数代数的特性，使得网络在卷积操作时能够同时处理图像颜色通道间的相关信息，这比传统的卷积操作能更有效地提取图像特征。四元数全连接层通过四元数代数扩展了模型的处理能力，使得网络不仅可以捕捉线性关系，还能捕捉更复杂的空间结构。四元数非线性层则通过引入非线性激活函数，如四元数 ReLU 或 Sigmoid，进一步增强了模型对非线性问题的处理能力。最后，在四个表情数据集（SFEW、RAF-DB、AffectNet 和 ExpW）上分别对四元数域 Transformer 模型进行实验评估并与其他模型对比，验证了它在细粒度表情特征提取上的积极作用。

6.2　四元数小波图像表征

在现有研究中，人脸表情图像的表征方式往往未能充分考虑颜色通道之间的相关性，而传统的四元数表征方法虽然能够保持颜色信息的完整性，却往往带来了过多的信息冗余。在传统四元数表征中，一个包含 RGB 三个颜色通道的彩色图像可以表示为四元数矩阵的形式：

$$Q(x,\ y) = W(x,\ y) + R(x,\ y)i + G(x,\ y)j + B(x,\ y)k \tag{6.1}$$

这里 W 为实部约束项，R，G，B 分布表示 RGB 彩色图像中的红绿蓝三个颜色像素矩阵。本研究提出的四元数小波图像表征方法旨在在保持图像中颜色与情绪信息的完整性的同时，还能以更加简洁的形式进行表征。小波变换是信号处理领域被广泛应用的数学工具，它在时频域具有出色的局部分析能力。四元数小波变换是对传统小波变换的一种扩展，它在复数域的基础上进一步扩展到四元数域，并利用四元数的运算规则来表示四维空间中的信号。与作用于实数的传统小波变换不同，四元数小波变换在处理彩色图像时能更有效地捕捉图像的特征结构和颜色通道间的关联。

在本研究中，我们利用四元数小波变换从四元数图像矩阵中提取与表情相关的信息。之后，这些提取到的信息将被用于图像的重建过程，在此过程中，可以有选择性地移除一些冗余信息，从而使重建后的四元数图像矩阵更加有针对性和简洁。这种方法不仅提高了信息的处理效率，而且在保持关键信息的同时减少了数据的复杂性，有助于提高面部表情识别的准确性和计算效率。

具体来说，四元数小波变换是通过四元数变换、2-D 希尔伯特变换和四元数代数得到的，它可以在多个尺度上处理多维信号，从而在复杂的数据中捕捉关键线索。因此，该技术能从多个不同层级分解信号，进而提供一种更加全面的表示。其中，小波函数 $\varphi(t)$ 和尺度函数 $\phi(t)$ 可以具体表示为

$$\varphi(t) = \begin{cases} 1, & 0 \leqslant t < 1/2 \\ -1, & 1/2 \leqslant t < 1 \\ 0, & \text{其他} \end{cases} \tag{6.2}$$

$$\phi(t) \begin{cases} 1, & 0 \leqslant \mathrm{t} < 1 \\ 0, & \text{其他} \end{cases} \tag{6.3}$$

然后，将希尔伯特变换嵌入小波函数和尺度函数中，以此增强对各种信号的解析能力。一维希尔伯特变换 $u(t)$ 可以被定义为 $H(u(t)) = P/\pi\int u(\tau)/(t\text{-}\tau)\mathrm{d}\tau$，其中，$P$ 是柯西主值。令 $\varphi_h(x)$ 和 $\varphi_h(y)$ 代表着沿着图像 x 轴和 y 轴的一维小波函数，那么这两个函数的希尔伯特变化可以计算为：

$$\begin{cases} \varphi_g(x),\ \varphi_h(y) = H_x(\varphi_h(x),\ \varphi_h(y)) \\ \varphi_h(x),\ \varphi_g(y) = H_y(\varphi_h(x),\ \varphi_h(y)) \\ \varphi_g(x),\ \varphi_g(y) = H_{xy}(\varphi_h(x),\ \varphi_h(y)) \end{cases} \tag{6.4}$$

这里的 $\varphi_g(x)$ 和 $\varphi_g(y)$ 分别是 $\varphi_h(x)$ 和 $\varphi_h(y)$ 希尔伯特变换的结果。同理，根据式

(6.4)，缩放函数 $\phi_g(x)$ 和 $\phi_g(y)$ 分别是 $\phi_h(x)$ 和 $\phi_h(y)$ 希尔伯特变换的结果。至此，接下来就可以将一维小波变换拓展到四元数域，并且将其改写为二维小波变换：

$$\begin{cases}\varphi_D(x,\ y) = \varphi_h(x)\varphi_h(y) + i\varphi_g(x)\varphi_h(y) + j\varphi_h(x)\varphi_g(y) + k\varphi_g(x)\varphi_g(y) \\ \varphi_V(x,\ y) = \phi_h(x)\varphi_h(y) + i\phi_g(x)\varphi_h(y) + j\phi_h(x)\varphi_g(y) + k\phi_g(x)\varphi_g(y) \\ \varphi_H(x,\ y) = \varphi_h(x)\phi_h(y) + i\varphi_g(x)\phi_h(y) + j\varphi_h(x)\phi_g(y) + k\varphi_g(x)\phi_g(y) \\ \phi(x,\ y) = \phi_h(x)\phi_h(y) + i\phi_g(x)\phi_h(y) + j\phi_h(x)\phi_g(y) + k\phi_g(x)\phi_g(y)\end{cases} \tag{6.5}$$

这里，$\varphi_D(x,\ y)$，$\varphi_V(x,\ y)$，$\varphi_H(x,\ y)$ 分别表示沿着对角线、水平和垂直方向的二维小波函数，$\phi(x,\ y)$ 是二维的尺度函数。依据以上公式，原始彩色图像的四元数矩阵可以被二维小波变换分解为：

$$\begin{cases}c = \iint Q(x,\ y)\ \overline{\phi(x,\ y)}\mathrm{d}x\mathrm{d}y \\ d_i = \iint Q(x,\ y)\ \overline{\varphi_i(x,\ y)}\mathrm{d}x\mathrm{d}y\end{cases} \tag{6.6}$$

其中，$i = \{D,\ V,\ H\}$，$\overline{\phi}$ 和 $\overline{\varphi_i}$ 是缩放函数 ϕ 和小波函数 φ_i 的共轭。因此，通过式(6.6)可以得到四元数矩阵表示的图像高频系数 d_i 和图像低频系数 c。应用以上四元数小波分解的方法即可将四元数图像矩阵分解为一组四元数小波系数，这些系数捕获了图像中与表情相关的颜色通道和空间方向的信息。

接下来，选择得到的四元数小波系数进行表情图像的重建，重建的四元数小波图像能更有针对性地筛选出与表情相关的线索。在进行图像重建时，首先需要从完整的四元数小波变换系数中选择一个子集，通常为了突出图像中的特定信息(如边缘、线条和纹理)，会选择高频的小波系数，因为其中的高频系数代表了图像细节部分的信息，同时也会丢弃部分代表图像的平滑区域的低频系数。然后，进一步处理选定的小波系数，具体操作包括对这些系数进行采样、映射和缩放，采样涉及下采样(减少数据量以缩短处理时间、降低存储需求)，映射和缩放则是调整系数以匹配目标图像尺寸和值域。接下来，根据筛选得到的小波系数重建四元数图像矩阵，可以凭借逆四元数小波变换，将处理过的小波系数子集进行图像重建，这一步骤会生成一个全新的四元数图像矩阵，该矩阵不仅包含图像原有的颜色信息，还包含图像重要的特征信息，这对于分析和理解复杂人脸表情具有重要意义。最后，重建后的四元数图像矩阵还需要被检查和分析，以确保重建过程保留了与表情相关的重要线索并且图像质量满足应用需求。经过以上一系列图像重建流程之后就能得到包含颜色和空间方向信息的四元数小波图像表征矩阵，其过程示意图如图 6.1 中四元数小波图像表征模块所示。

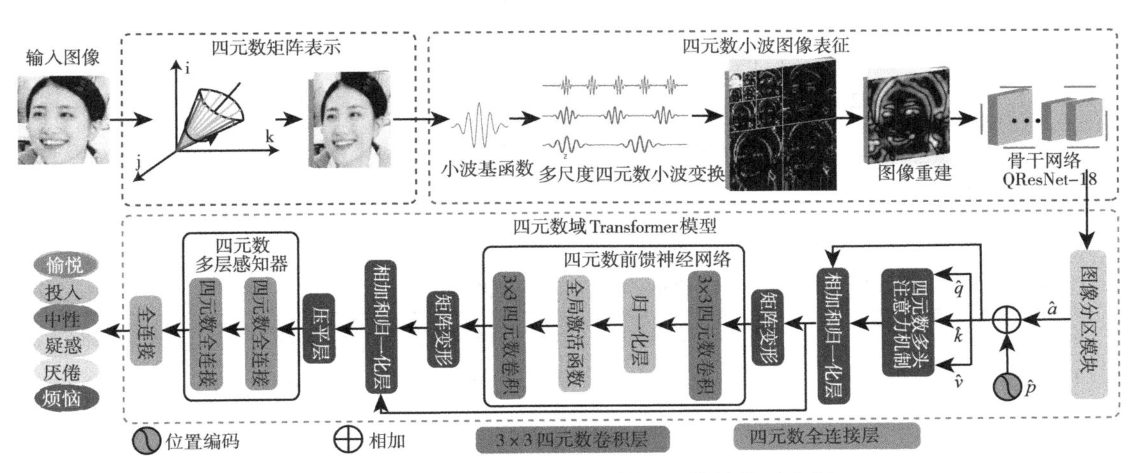

图 6.1　四元数域 Transformer 模型整体结构示意图

6.3　四元数域 Transformer 模型设计

为了构造四元数 Transformer 模型，首先设计了基于四元数域的基础网络单元。整个四元数域 Transformer 模型包括四元数 CNN（QResNet-18）和四元数 Transfomer。其中，QResNet-18 作为整个模型的预处理结构来实现图像中局部特征的提取，它按照 ResNet-18 的结构设计，但采用了四元数卷积层、四元数批归一化和四元数非线性层代替 ResNet-18 中的实值层。四元数 Transformer 在原有 Transformer 模型的基础上构建了一个具有四元数运算的自注意力模块，以建立全局像素关系。整个网络结构既能提取表情图像中的局部纹理，也能对像素关系进行关联，并且也没有忽略颜色通道间的相关线索。

6.3.1　QResNet-18 的具体结构

QResNet-18 作为整个模型的骨干网络，继承了被广泛使用的 ResNet-18 的模型结构。它包括四元数卷积层、四元数非线性层和四元数全连接层。与 ResNet-18 相比，QResNet-18 不仅能更有效地提取图像中的颜色光谱信息，还减少了模型 75%的参数，极大地提高了模型的处理效率。表 6.1 展示了骨干网络 QResNet-18 的具体结构，并且提供了与 ResNet-18 模型的详细对比情况。

表 6.1　**QResNet-18 和 ResNet-18 的结构对比**

层的名称	输出尺寸	ResNet-18	层的名称	输出尺寸	QResNet-18
Conv1	112×112	7×7×64	QConv1	112×112	7×7×16
Conv2_x	56×56	3×3 Max Pooling	QConv2_x	56×56	3×3 Max Pooling
		[3×3×64] ×2			[3×3×16] ×2
Conv3_x	28×28	[3×3×128] ×2	QConv3_x	28×28	[3×3×32] ×2
Conv4_x	14×14	[3×3×256] ×2	QConv4_x	14×14	[3×3×64] ×2
Conv5_x	7×7	[3×3×512] ×2	QConv5_x	7×7	[3×3×128] ×2
Pooling	7×7	Average Pooling	Pooling	7×7	Average Pooling
FC	1×7	1×1×7	QFC	1×7	1×1×7
参数量		11.69 million	参数量		2.83 million

其中，Conv 代表的是实值卷积层，QConv 代表的是四元数卷积层，Pooling 代表的是池化操作，FC 代表的是全连接层。在 ResNet-18 中，实值卷积层在处理实数权重和实数输入数据时，每个通道独立处理数据，若某个卷积层需要 64 个通道来处理输入的特征数据，那么每个通道将各自有一套参数进行特征提取。相比之下，QConv 即四元数卷积层，在处理数据时采用四元数代数，可以将四个分量（一个实部和三个虚部）联合起来处理，这意味着对于同样数量的输入特征数据，四元数层只需要四分之一的通道数量。因此，如果一个实值卷积层需要 64 个通道，相应的四元数卷积层只需要 16 个四元数通道。根据表 6.1 可知，具有同样结构的两个网络模型，QResNet-18 的总参数量也仅仅需要 ResNet-18 的四分之一。

6.3.2　四元数域自注意力机制

四元数自注意力机制是四元数 Transfomer 的核心部件，构建四元数自注意机制的目的是充分地利用图像的颜色信息和像素全局关系。通过在四元数域构造新的自注意力机制，实现捕捉输入像素与其对应的注意力权重进而获得全局像素之间的联系。同时，还利用了四元数的性质（如非交换性和四维结构）来发掘图像颜色通道之间潜在的相关性，该机制的输入、输出以及注意力权重都以四元数的形式来表示。

具体来说，四元数自注意力可以有效捕获图像中的低细粒度特征（五官轮廓变化），它能对人脸图像的全局像素关系进行建模，从而提取其中相关的表情信息。类似于自注意力机制，它先将输入四元数向量 $\hat{q}$ 转化为三个独立的四元数序列 $\tilde{Q}$，$\tilde{K}$，

$\tilde{V}$；然后在四元数域分别计算四元数向量之间的相似性，获得自注意力值；最后根据得到的自注意力值确定像素间的关联度。其具体计算过程如图 6.2 所示。

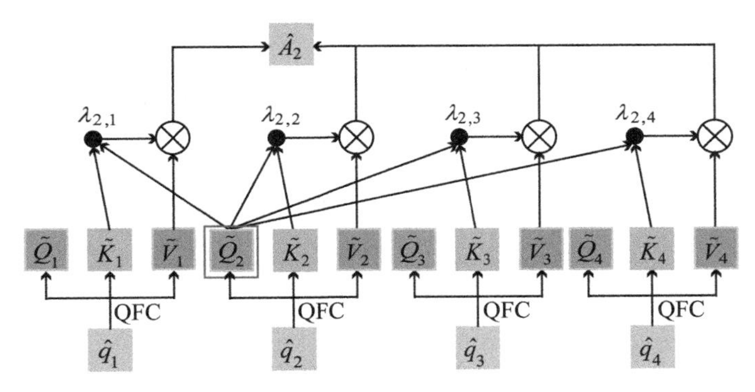

图 6.2 四元数自注意力示意图

其中，QFC 表示的是四元数全连接层，λ 表示的是四元数序列 $\tilde{Q}$ 和 $\tilde{K}$ 之间的相似性。自注意力的总体计算过程如下：

$$\text{Attention}(\tilde{Q},\ \tilde{K},\ \tilde{V}) = \text{Softmax}((\tilde{Q} \cdot \tilde{K}^{\mathrm{T}})/\sqrt{d_k}) \times \tilde{V} \tag{6.7}$$

$$\hat{A}_i = \sum_j \lambda_{i,\,j} \times \tilde{V}_j \tag{6.8}$$

这里，d_k 是四元数子向量 $\tilde{K}$ 中所含元素的个数，$\cdot$ 代表的是四元数点积，$\times$ 代表的是实数与四元数的乘法。如图 6.2 所示，输入四元数向量 $\hat{q}_i$ 对应的自注意力值 $\hat{A}_i$ 可以通过式（6.8）加权计算得到。在式（6.7）中，除以 d_k，注意力权重的和就缩放为 1，接着 softmax 函数又进一步将该权重映射至 0 到 1 区间。最后，注意力权重与 $\tilde{V}$ 做乘法，得到四个注意力评分相加后，其结果就是经过运算后在全局中产生的自注意力结果。该结果既包含输入像素与全局中其他像素的彼此联系，又通过四元数域运算法则捕捉了颜色通道之间的相关信息。

在卷积神经网络中，为了得到图像中不同的模式特征，模型一般设计多个通道的结构（channel）来识别多个它们。受此启发，那么就可以在自注意力机制中也设计多个头部（head），一个 head 就类比于一个 channel，用于识别输入的四元数向量中的不同模式。因此，将以上结构改造为多头（multi-head）四元数域自注意力机制。图 6.3 展示了 n 个头自注意力机制的具体结构。

在多头四元数域自注意力机制中，分别利用 n 个四元数参数矩阵产生了 n 个头的 $\hat{q}$，$\hat{k}$，$\hat{v}$，并按上图的计算方法得到 n 个头的注意力评分，实现从多种模式特征中提取

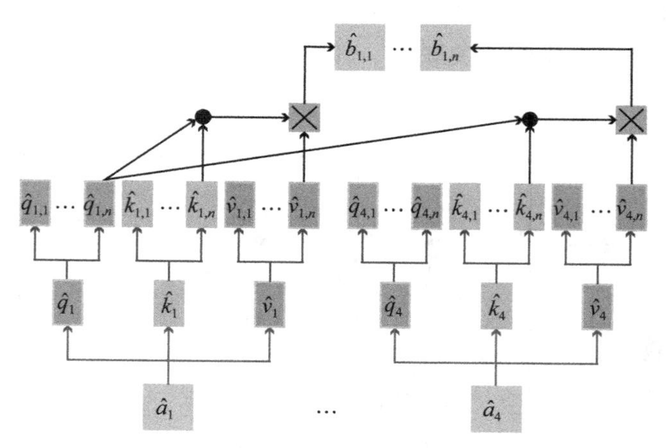

图 6.3　n 个头自注意力机制的具体结构

重要信息的目的。假设这里头的数量 n=8，那么总的多头注意力 $\hat{b}_i^n$ 可以按照如下式子计算为：

$$\hat{b}_i^n = C(\hat{b}_{i,1}, \hat{b}_{i,2}, \cdots, \hat{b}_{i,8}) \tag{6.9}$$

这里的 $C(\cdot)$ 是融合运算。式（6.9）表示的是在对其他四元数序列执行相同的自注意力操作后，将这些多头注意力的值进行融合，最后再改变其形状为二维四元数特征。

6.3.3　模型的整体结构

本章提出了基于四元数域 Transformer 模型来完成彩色人脸图像中的表情识别任务，所提出模型的架构如图 6.1 所示。

首先，从输入的彩色人脸图像入手，传统彩色图像通常使用 RGB（红、绿、蓝）颜色模式表示。在四元数域 Transformer 模型中，将 RGB 图像转换到四元数域来表征彩色图像。在该过程中，彩色图像首先被转换为与原始图像大小一致的四元数矩阵，其中 RGB 通道的每个像素点由一个四元数值而不是三个独立的分量来表示。

接下来，使用四元数小波变换来处理这个四元数图像矩阵，小波变换是一种高效和实用的图像分解方法，它能够在保持图像颜色信息的同时，准确地捕捉和分析图像的局部特征。在四元数域，这一变换过程需要使用特定的四元数小波核，根据式（6.5）和式（6.6）对四元数矩阵进行多尺度和多方向的分解。该分解主要为将四元数矩阵分解为多个频带，其中包括高频系数和低频系数。高频系数主要包含图像的边缘和细节信息，而低频系数则反映了图像的整体轮廓和平滑区域。

在得到四元数小波分解的各类系数之后，接下来对这些四元数小波系数进行筛选和处理。筛选过程中，会根据特定的标准（如阈值处理、系数的大小和重要性等）来选择对图像质量和表现最为关键的四元数小波系数。处理过程则包括对选定的系数进行采样、映射和缩放，以确保它们能够有效地适应目标图像的尺寸和值域。该选择过程至关重要，因为它直接影响到重建图像的质量和视觉效果。

最后，根据筛选和调整后的四元数小波系数，重新构建四元数图像矩阵。在这一重建过程中，通过逆四元数小波变换将处理过的系数重新组合，生成最终的彩色人脸图像，这样重建的图像应能够在保持原始图像颜色真实性的同时，展现更精细的细节和特征信息。

得到重建的四元数图像矩阵后，此四元数矩阵将作为输入数据，输送到我们自己设计的骨干网络 QResNet-18 中进行人脸局部信息的提取。QResNet-18 网络模型是参考经典的 ResNet-18 残差模型设计得到的，两者在框架结构上保持一致。但与 ResNet-18 不同的是，QResNet-18 采用四元数层代替了传统的实值层来处理输入四元数特征。使用四元数层的一个显著优点是它能显著减少网络参数数量，总参数可减少约 75%。这种参数的优化不仅简化了网络结构，还提高了计算效率，使得网络在处理复杂图像数据时更为迅速和精准。因此，作为骨干网络的 QResNet-18 能有效地捕捉到诸如肌肉纹理这样的局部表情特征。

随后，将骨干网络 QResNet-18 捕捉到的表情相关局部特征输入以上构建的四元数 Transformer 模型，并利用 Transformer 架构中的四元数自注意力机制进一步提取人脸图像中全局像素之间的关系。这一机制能够综合考量全局像素的相互关联性，并据此进行最终的表情判断。具体来说，输入到模型中的四元数特征矩阵首先会被图像分区模块处理。此模块根据特征通道的不同，将捕获到的局部特征沿通道划分为多个分区，每个分区包含特定区域的信息，这些信息接下来将被独立地处理。以一个特定分区的特征图为例，在处理过程中，此特征图首先被变形为一维的四元数向量。这个向量在添加了专属的通道位置信息 $\hat{p}$ 后，接着通过三个四元数全连接层进行处理，分别映射为三个独立的四元数序列 $\tilde{Q}$，$\tilde{K}$，$\tilde{V}$。

在接下来的步骤中，四元数自注意力模块发挥作用，分别计算这三个四元数向量之间的相似性，以获取它们的自注意力值。这些自注意力值不仅体现了各向量间的关联性，之后还会经由一系列复杂的变换，被送入四元数前馈神经网络中。四元数前馈神经网络以四元数卷积层为基础，不仅保留了自注意力值的信息，还进一步提取了这些值中蕴含的空间特征信息。

最后，通过设计一个融合策略，模型将所有捕获的全局像素信息与局部空间信息综合起来，输入到四元数多层感知器中进行最终的表情判断。在这一过程中，通过全连接层和非线性函数的协同作用，使模型能全面分析和理解人脸表情的复杂动态，得到精确的表情识别结果。

6.4　实验及结果分析

本节介绍的是四元数 Transformer 模型在四个广泛使用的 FER 数据集以及特定条件下数据集上进行评估的实验。6.4.1 节介绍了进行评估实验所需要的数据集；6.4.2 节介绍了四元数 Transformer 模型在数据集中的实验设置；6.4.3 节展示了四元数 Transformer 模型与消融实验的结果；6.4.4 节呈现了实验结果的可视化显示及效果分析；6.4.5 节展示了在四个 FER 数据集上的实验结果与已有其他先进方法的对比论证。

6.4.1　数据集

实验用到的数据集如图 6.4 所示。

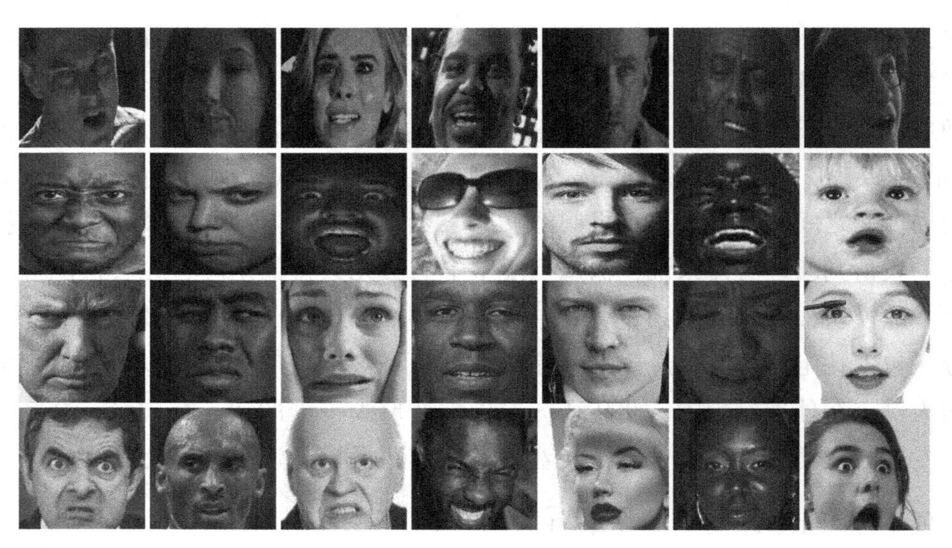

图 6.4　数据集图像示例（SFEW 为第一行、RAF-DB 为第二行、AffectNet 为第三行，ExpW 为第四行）

SFEW 数据集（Static Facial Expressions in the Wild）：该数据集从“野生环境中的静态电影场景挑战赛（EmotiW2015）”中收集，特别适用于分析电影场景中的面部表情，有助于研究表情识别在媒体行业的应用。SFEW 包括 958 张用于训练的图像，436 张用于验证的图像和 372 张用于测试的图像。由于测试集的标签不对外公开，我们按照一些已有工作的做法，仅在验证集上评估提出的四元数 Transformer 模型的性能。

RAF-DB 数据集（Real-world Affective Faces）：包含来自 Flickr 的 29672 张面部表情图像。实验中我们只选择了 RAF-DB 中的七种基本表情，这些数据包括 12271 个训练样本和 3068 个测试样本。该数据集中的这些图像的表情标签覆盖广泛，是进行面部表情分析和机器学习模型训练的重要资源。

AffectNet 数据集：包含从各种网站收集的超过一百万张面部图像。与已有的研究文献类似，我们选取了大约 280000 张训练图像和 3500 张测试图像，每个表情类别约有 40000 张训练图像和 500 张测试图像。这个数据集的规模和多样性使其成为研究和改进面部表情识别技术的理想选择。

ExpW 数据集：通过搜索与情绪相关的关键词从 Google Images 收集得到，参考已有工作的实验条件设置，我们将 68845 个样本划分为训练用途，9179 个样本用于验证，13769 个样本用于测试。ExpW 数据集提供了来自互联网的真实世界图像，适合测试表情识别技术在日常应用中的表现。

除此之外，我们还增加了一些特定条件下的数据集来验证所提出模型在不同环境下的鲁棒性。具体来说，我们首先为了测试表情识别算法在不同光照条件下的表现和鲁棒性，通过人为调整图像的曝光度来模拟不同的环境光照条件，在以上四个 FER 数据集中，将所有图像的曝光度分别增加 50%和减少 50%，从而获得亮度较高和亮度较低的样本。借助在这些样本数据集中提出的模型进行实验，来评估该方法在光照变化条件下表情识别的准确性。

为了验证模型对不同肤色的鲁棒性，我们在具有不同肤色的特定 FER 数据集上进行对比实验。将四个 FER 数据集中所有图像分为两个子集，即白色和黑色皮肤的表情数据集。图 6.5 展示了其中一些白色和黑色皮肤图像的样本，该数据集的目的是评估所提出模型在处理不同肤色图像时的效果和泛化性能。通过划分专门的白色和黑色肤色的数据集，我们可以更深入地评估算法在面对不同肤色的人脸表情时，它所得到的最终精度，以上两个数据集的存在都有助于提高人脸表情识别模型在多样化应用环境中的普遍适用性和公平性。

最后，我们也和上一章一样，选择了从 RAF-DB 和 AffectNet 中挑选出来的带有姿态的 Pose-AffectNet 和 Pose-RAF-DB 数据集。这两个数据集包含头部姿态变化大于 30°和 45°的人脸图像。其中，Pose-AffectNet 包含 1948 个训练样本和 985 个测试样本，Pose-RAF-DB 包含 1248 个训练样本和 558 个测试样本。我们还应用了从 RAF-DB 和 AffectNet 中挑选出来的带有遮挡的 Occlusion-AffectNet 和 Occlusion-RAF-DB 数据集，其中，Occlusion-AffectNet 包含 683 个总样本，Occlusion-RAF-DB 包含 735 个总样本。在头部姿态变化和外部遮挡条件下对所提出模型进行了测试，可以验证该方法在这些不

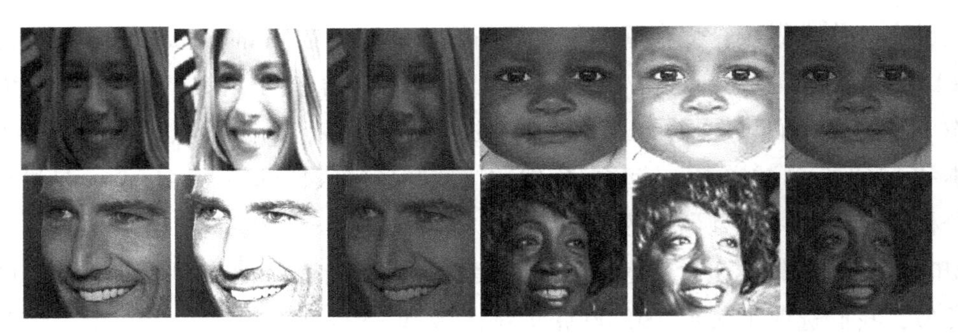

图 6.5　来自 SFEW、RAF-DB、AffectNet 和 ExpW 的图像样本被处理为不同光照条件（书后附彩色版本插图）

良环境下的鲁棒性。如图 6.6 所示。

图 6.6　来自 SFEW、RAF-DB、AffectNet 和 ExpW 的白色和黑色皮肤图像样本（书后附彩色版本插图）

6.4.2　实验环境及参数设置

模型在配备 GeForce RTX 4070 的电脑上进行训练，使用的是 Adam 优化器。在 FER 任务中，几乎所有的 FER 模型都会在相关数据集上预训练它们的骨干网络。与大多数 FER 研究工作一样，我们采用了在 MS-Celeb-1M 人脸识别数据集上预训练的 QResNet-18 作为基础网络。为了进行公平的比较，我们只有少数几项工作使用类似的数据集（例如 ImageNet 或 VGGFace2）进行预训练，这些数据集都包含超过百万的训练数据，远超 MS-Celeb-1M 中的图像数量。四元数 Transformer 模型遵循传统 ViT 的结构，批量大小为 256，初始学习率为 0.01，训练 100 个 epoch，分类交叉熵损失用于监督模型训练，动量和权重衰减分别设置为 0.9 和 0.0001。模型的输入图像统一调整为 100×100 大小，在四元数 Transformer 模型中，我们共设置了 8 层多头注意力层。

6.4.3 消融实验

在相关的表情识别工作中，一般使用 ResNet-18 模型作为基准模型（Baseline）来与所提出的网络进行比较。本章的消融实验也采用了相似做法，采用与 ResNet-18 网络结构相似的 QResNet-18 模型作为基准模型，通过在各个数据集上获取的精度比较来验证所提出的四元数 Transformer 模型的先进性。

首先，为了验证四元数 Transformer 模型对照明变化的鲁棒性，我们对两个模型分别进行了在明亮和昏暗的 FER 数据集上的对比实验。表 6.2 显示了实验比较结果。可以观察到，四元数 Transformer 模型在明暗数据集上的识别准确率相近，表明了四元数 Transformer 对光照变化具有很强的鲁棒性。相比之下，基准模型在明暗数据集之间的识别准确率表现差距较大，显示了基准模型不具备对光照的处理能力。

表 6.2　**四元数 Transformer 和基准模型在不同亮度数据集上的识别精度**

数据集	明亮 SFEW	昏暗 SFEW	明亮 RAF-DB	昏暗 RAF-DB	明亮 AffectNet	昏暗 AffectNet	明亮 ExpW	昏暗 ExpW
基准模型	54.95%	52.42%	86.96%	83.84%	58.98%	57.03%	63.13%	60.89%
四元数域 Transformer	63.42%	63.17%	90.87%	90.68%	67.96%	67.64%	77.25%	76.98%

在不同的肤色数据集上，我们通过对比实验来验证所提出模型对肤色的鲁棒性。四元数 Transformer 和基准模型分别在白肤色和黑肤色 FER 数据集上进行了实验。表 6.3 显示了比较结果。可以观察到，四元数 Transformer 在对应的白色和黑色数据集上的识别准确率非常接近，这证明了四元数 Transformer 对于不同肤色问题具有很高的鲁棒性。相比之下，基准模型在白皮肤和黑皮肤表情数据集上的识别准确率显示出较大的差异，这意味着如果没有四元数 Transformer 结构的处理，整个模型处理不同肤色问题的能力将会大大下降。

表 6.3　**四元数 Transformer 和基准模型在不同肤色数据集上的识别精度**

数据集	白肤色 SFEW	黑肤色 SFEW	白肤色 RAF-DB	黑肤色 RAF-DB	白肤色 AffectNet	黑肤色 AffectNet	白肤色 ExpW	黑肤色 ExpW
基准模型	56.03%	54.97%	87.89%	85.16%	59.53%	57.89%	64.97%	63.01%
四元数域 Transformer	64.01%	63.78%	91.01%	90.77%	68.36%	67.71%	78.21%	77.53%

为了验证四元数 Transformer 在非正面头部姿态条件下对于人脸表情识别的可行性，对比实验在 Pose-AffectNet 和 Pose-RAF-DB 数据集上进行同步评估。表6.4列举和显示了四元数 Transformer 和几个典型模型在四个非正面头部表情数据集上的识别准确率。对比实验的结果表明，四元数 Transformer 在每个非正面 FER 数据集上的识别准确率都高于相比较的典型对比模型，这证实了四元数 Transformer 对非正面头部姿态的人脸表情具有强大的鲁棒性。

表6.4　**四元数 Transformer、基准模型和一些典型网络在不同姿态人脸表情数据集上的识别精度**

对比模型	Pose-AffectNet		Pose-RAF-DB	
	Pose（≥30°）	Pose（≥45°）	Pose（≥30°）	Pose（≥45°）
基准模型	57.47%	57.03%	87.81%	87.17%
RAN	53.90%	53.19%	86.74%	85.20%
MA-Net	57.51%	57.78%	87.89%	87.99%
EfficientFace	57.36%	56.87%	88.13%	86.92%
四元数 Transformer	**59.43%**	**58.51%**	**89.26%**	**88.93%**

为了测试四元数 Transformer 对于被遮挡人脸表情识别（Occlusion-FER）的有效性，我们设计了一些比较实验在 Occlusion-AffectNet 和 Occlusion-RAF-DB 数据集上进行。表6.5展示了四元数 Transformer 和其他一些典型模型在两个被遮挡人脸表情数据集上的识别准确率。对比实验的结果表明，四元数 Transformer 在每个非正面 FER 数据集上的识别表现都优于对比的典型模型，这表明四元数 Transformer 对于被遮挡的人脸面部表情也具有强大的鲁棒性。

表6.5　**四元数 Transformer、基准模型和一些典型网络在不同遮挡数据集上的识别精度**

对比模型	Occlusion-AffectNet	Occlusion-RAF-DB
基准模型	59.25%	83.42%
RAN	58.50%	82.72%
MA-Net	59.59%	83.65%
EfficientFace	59.88%	83.24%
四元数 Transformer	**61.20%**	**85.35%**

6.4.4 结果的可视化显示及效果分析

为了更加全面地展示四元数 Transformer 模型的性能，我们利用 t-SNE 技术进行最终提取到的特征分布的可视化，这种技术能够将高维数据映射到二维或三维空间，从而直观地展示数据点之间的相互关系。此外，为了进行有效的比较分析，我们也采用基准网络的表现作为对比。t-SNE 方法不仅可以帮助我们理解模型学习到的特征，而且还可以直观地展示不同模型在特征提取方面的差异。在图 6.7 中，我们展示了使用四元数 Transformer 与基准模型时的可视化结果。图中的每个点代表一个样本，不同颜色的点表示不同的面部表情，如快乐、悲伤、愤怒等。通过这种可视化方式，我们可以清晰地观察到四元数 Transformer 与基准模型的表现差异，从而验证所提出模型的有效性和优越性。

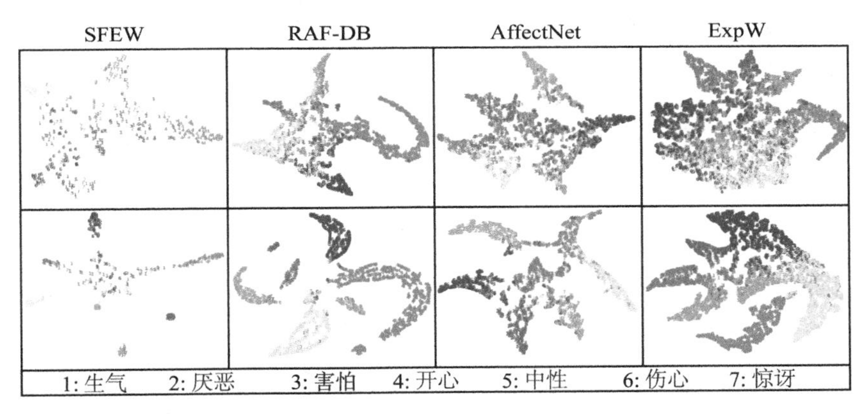

图 6.7 来自 SFEW、RAF-DB、AffectNet 和 ExpW 的特征分布的可视化（书后附彩色版本插图）

图 6.7 清晰地展示了四元数 Transformer 在特征提取上的卓越性能（图第二行），与基准模型（图第一行）相比，四元数 Transformer 提取的特征更加清晰，形成了七个结构紧凑的簇。特别是在 SFEW 数据集中，尽管训练样本数量相对较少，四元数 Transformer 方法仍然展示了明显的优势，大幅超越了基准模型的表现。在 RAF-DB 数据集中，四元数 Transformer 显著地提升了对重叠区域分离的效率。同时，在 AffectNet 和 ExpW 数据集上，四元数 Transformer 特别表现出了在处理大规模数据集时，优化同种类内特征的一致性和扩大不同类间特征差异的显著能力，相较于基准模型有了显著的提高。这些结果充分证明了四元数 Transformer 在面对各种数据集时，能够有效提升模型的泛化能力和分类精度。

除此之外，图 6.8 显示了在四个 FER 数据集上的表情识别混淆矩阵，可以看出，

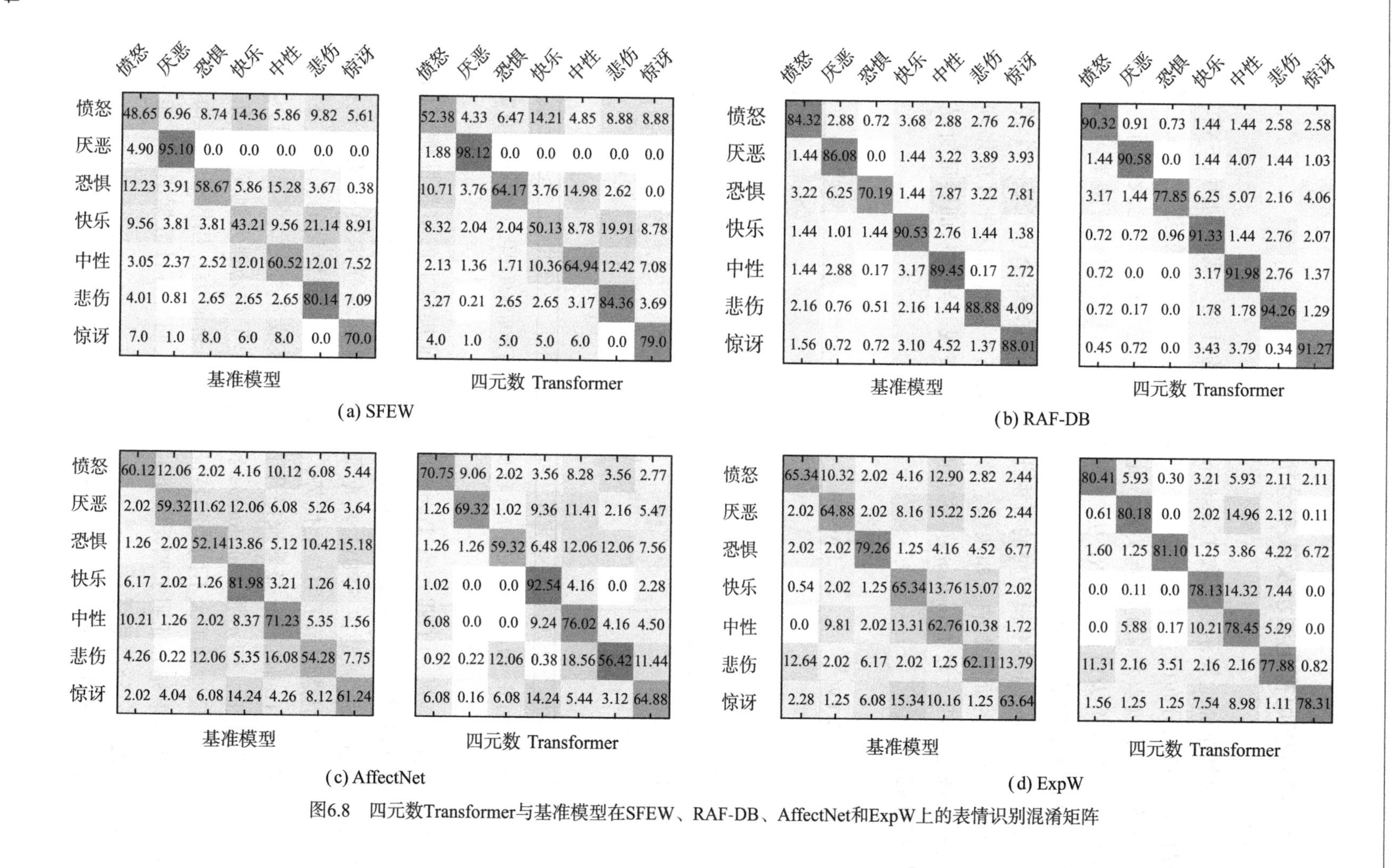

图6.8　四元数Transformer与基准模型在SFEW、RAF-DB、AffectNet和ExpW上的表情识别混淆矩阵

四元数 Transformer 对每种表情的识别准确率均优于基准模型。特别值得注意的是，某些特定的表情如愤怒、恐惧和悲伤，很容易与其他表情（如快乐和中性）产生混淆。例如，在 SFEW 数据集中，四元数 Transformer 将愤怒与快乐混淆的比例达到了 14.21%，将恐惧与中性混淆的比例为 14.98%，将快乐与悲伤混淆的比例则高达 19.91%。在 RAF-DB 数据集中，四元数 Transformer 将厌恶与中性混淆的比例为 4.07%，将恐惧与快乐或中性混淆的比例分别为 6.25% 和 5.07%。在 AffectNet 数据集中，将恐惧与中性或悲伤混淆的比例均为 12.06%，将悲伤与恐惧或中性混淆的比例分别为 12.06% 和 18.56%，将惊讶与快乐混淆的比例为 14.24%。在 ExpW 数据集（图 6.8（d））中，四元数 Transformer 容易将厌恶或快乐与中性混淆，混淆的比例分别为 14.96% 和 14.32%，将悲伤与愤怒混淆的比例为 11.31%。这些实验的结果同时也揭示了四元数 Transformer 在区分类似表情时依然存在进一步优化的空间。

6.4.5 与其他方法的对比

在本章的研究中，我们引入了一个新的表情识别模型，称为四元数 Transfomer 模型，并将该模型与当前最先进的表情识别模型进行了比较。这些比较是在四个广泛使用的野外人脸表情识别（FER）数据集上进行的。值得说明的是，这些先进模型的实验结果都直接引用了各自的原始论文。为了确保比较的公正性，我们在评估时对四元数 Transfomer 以及表格中列出的其他先进模型采取了统一的评估策略。这种方法确保了评估结果的一致性和可比性，使我们的比较更为准确和可信。

我们首先在表 6.6 中比较了四元数 Transfomer 模型与一些典型的端到端网络模型在参数数量和浮点操作数（FLOPs）方面的差异。尽管四元数 Transfomer 模型的参数数量和 FLOPs 并不是最低的，但是，与大多数传统模型相比，它在更低的计算成本下仍然能够达到最高的识别准确率。这一结果表明，四元数 Transfomer 模型在人脸表情识别（FER）的性能以及计算复杂性等方面均具有显著的成本效益。表 6.5 中的实验结果证明了我们所提出的模型在保持高效率的同时，也确保了卓越的识别效果，为面对复杂的实际应用环境提供了一种可行的解决方案。

表 6.6 **四元数 Transformer 和一些典型方法的参数量和浮点操作数**

方法	年份	参数量	FLOPs
Baseline	2023	2.83M	168M
gACNN	2018	>134.29M	>15.4G
VTFF	2021	51.8M	—
RAN	2020	11.19M	14.5G

续表

方法	年份	参数量	FLOPs
MA-Net	2020	50. 54M	3. 65G
EfficientFace	2021	**1. 28M**	**154. 18M**
四元数 Transformer	2024	6. 87M	182M

表 6. 7 展示了四元数 Transfomer 与当前较为先进的模型在四个表情数据集上的识别准确率。在 SFEW 数据集中，一些相关的研究仅达到了相对普通的识别准确率，均低于 60%，而近年来的一些相关工作则表现出了显著的识别性能提升。与这些模型相比，所提出的四元数 Transfomer 在识别精度上依然比当前最先进的模型（即 SSF-ViT（L））还要高出 0. 47%。在 RAF-DB 数据集中，虽然所有的比较模型均达到了接近最高的识别准确率，但四元数 Transfomer 的识别准确率仍然比表现最佳的模型（即 SSF-ViT（L））还要高出 0. 33%。由于 AffectNet 拥有大量的训练样本和测试样本，四元数 Transfomer 的性能相比于比较模型有显著提升，其识别准确率比当前最先进的模型（即 MRAN）还要高出 2. 06%。在 ExpW 数据集中，与一些相关模型比较，四元数 Transfomer 的识别准确率也有了大幅提升，最终比最先进的模型（即 Learnable pooling（3rd Poly））还高出 1. 47%。

表 6. 7　**四元数 Transformer 和一些典型方法的识别精度比较**

数据集	方法	年份	精度	数据集	方法	年份	精度
SFEW	EfficientFace	2021	56. 54%	RAF-DB	MA-Net	2020	88. 40%
	PAT-ResNet-101	2022	57. 57%		PAT-ResNet-101	2022	88. 43%
	DENet	2023	58. 03%		HistNet	2022	89. 24%
	Covariance Pooling	2018	58. 14%		AMP-Net	2022	89. 25%
	MA-Net	2020	59. 40%		ADDL	2022	89. 34%
	HistNet	2022	61. 01%		FDRL	2021	89. 47%
	AMP-Net	2022	61. 17%		AR-TE-CATFFNet	2023	89. 50%
	FDRL	2021	62. 16%		EDGL-FLP	2022	89. 90%
	ADDL	2022	62. 16%		MRAN	2022	90. 03%
	EDGL-FLP	2022	63. 30%		TransFER	2021	90. 91%
	SSF-ViT（L）	2023	63. 69%		SSF-ViT（L）	2023	90. 98%
	四元数 Transformer	2024	**64. 16%**		四元数 Transformer	2024	**91. 31%**

续表

数据集	方法	年份	精度	数据集	方法	年份	精度
AffectNet	DENet	2023	60.94%	ExpW	HOG+SVM	2018	60.66%
	DDA-Loss	2020	62.34%		Baseline DCN	2018	65.06%
	EfficientFace	2021	63.70%		LBAN-IL	2021	68.50%
	MA-Net	2020	64.53%		DCN+AP	2018	70.06%
	AMP-Net	2022	64.54%		Domain adaptive FER	2022	70.86%
	VTFF	2021	64.80%		Ensemble	2021	71.82%
	AR-TE-CATFFNet	2023	65.66%		CNN-Prediction authenticity	2020	71.90%
	SSF-ViT（L）	2023	66.04%		FaceTopoNet	2022	71.91%
	ADDL	2022	66.20%		PAT-ResNet-101	2022	72.93%
	TransFER	2021	66.23%		SchiNet	2021	73.10%
	MRAN	2022	66.31%		Learnable pooling (3rd Poly)	2020	76.81%
	四元数 Transformer	2024	**68.37%**		四元数 Transformer	2024	**78.28%**

6.5 本章小结

在人脸表情识别任务中，传统的模型通常在处理不同清晰度的人脸图像时，无法充分捕捉和融合各类细粒度的表情特征。为了解决这一问题，本章提出了一种新颖的模型结构——四元数域 Transformer。该模型结构创新性地将颜色线索和对光谱信息的分析融入模型，通过结合 CNN 和 Transformer 的优点，实现了对人脸局部细节（如肌肉纹理变化）与全局像素关系（如五官轮廓变化）的深入分析和整合。在实验评估部分，将所提出模型在多个广泛使用的表情数据集和特定条件的数据集上进行了测试，这些数据集包括 SFEW、RAF-DB、AffectNet 和 ExpW 等。结果表明，四元数 Transformer 模型在这些数据集上都显示出了优越的识别性能和鲁棒性。总之，这一创新模型为未来的面部表情识别研究和应用提供了新的视角和技术途径。

第 7 章　表情识别技术的实际应用

本章将前面所提出的表情识别网络模型应用在两个具有实际意义的应用场景中，以展示这些网络模型的实用性和有效性。首先，在课堂教学场景中，通过识别学生在课堂上的表情变化，如愉悦、投入、疑惑等，并结合教育学原理，分析这些表情来评估教学效果和学生的学习状态。该应用不仅帮助教师实时了解课堂氛围和学生反应，还能够为教学方法的改进和个性化教学提供数据支持。然后，在交易投资场景中，分析投资者和消费者的表情，以预测其交易行为和市场趋势。通过识别投资者的情绪变化，如紧张、兴奋或犹豫，并结合市场数据进行综合分析，从而为投资决策提供辅助信息。这两个应用的实现，不仅证明了所提出模型的高效性和准确性，也展示了表情识别技术在不同行业中的巨大应用潜力。

7.1　表情识别应用于课堂教学场景

自从“十三五”规划纲要正式将“数字中国”上升为国家战略以来，数字技术就被积极地引入教育领域，并且已经取得了一系列阶段性的成果。国务院 2021 年印发的《“十四五”数字经济发展规划》着重强调了加强教育新型基础设施建设，推进课堂教学过程实现数字化的目标；2022 年，党的二十大也首次将“推进教育数字化”写进大会报告，强调建设全民终身学习的学习型社会、学习型大国；在 2023 年的全国两会上，数字化教育的发展也成为讨论的热点，这说明该任务已经成为社会的普遍共识和共同任务。然而，当下传统课堂教学还存在一个严重不足：目前的真实课堂未能充分地应用数字化技术对学生在学习过程中的表情进行识别，进而无法对其学习状态进行有效管理。因此，在课堂中利用数字化技术对学生进行表情识别也成为教育领域亟须解决的问题。

当前，利用表情识别技术进行教学评价的研究都是基于单个人物，没有考虑到课堂内多个人物表情的整体情况，导致教学评价的结果不够客观。此外，许多深度学习方法都忽略了人脸表情图像中颜色通道的相关信息，这些相关信息在心理学研究中已经被证实了与表情非常相关，容易影响最终的表情识别结果。基于这些难点，本章所提出的实际应用首先探索将单个人物表情识别任务发展为多人物表情识别的新目标，新的目标任务能从整体层面上对课堂中所有学生的表情进行综合判断，进而得到更全面的教学评价依据。其次，笔者在近年来的研究中利用四元数理论分析了图像中的颜色信息并有效提高了表情识别的精度，因此，本章试图结合四元数理论与深度学习，构造一个新型的四元数域深度网络模型来实现对人脸颜色信息的充分利用，在提高表情识别准确率的同时减少计算量。最后，根据教育学中教学评价的相关理论与经验计算出真实课堂中的实际教学效果评分，得到更为科学客观的教学评价结果。本章内容结合教育学中教学评价的理论和计算机应用中人工智能与模式识别的方法，以交叉融通的方式实现教育学和计算机科学的协同发展，产出有效的科学突破。此外，本章内容的研究目标是以实际应用需求为导向，所得到的研究成果能够被应用于智慧课堂、多功能教室以及教学评估比赛等多个场合，具有非常大的实际意义和良好的应用前景。

近年来，国内外学者都十分重视教育与人工智能技术的融合。国际上，*Science* 杂志于 2016 年报道了美国国家科学基金会预测的未来会有较大发展的六大科研前沿，其中就包括大数据支持下的学习评价机制创新与人机交互前沿的学习环境创新。在国内，面向过程的评价机制也被众多学者认为能帮助教师提供个性化学习反馈和适应性干预，有效地构建起智能学习感知与适应性情绪唤醒的学习环境。传统教育评价理论的发展经历了三个重要时期：第一个时期为心理测验时期，它强调以量化的方式对学生学习状况进行测量，但是考试和测验的方法只能得到学生的学习结果，无法有效反映学生的学习过程。第二个时期为目标中心时期，泰勒提出了以教育目标为核心的教学评价原理，并明确提出了“教学评价”的概念，从而把教学评价与教育测量区分开来，但是其评价的方式还不够完善。第三个时期为个体化评价时期，以布卢姆为主的教育家提出了对教育目标进行评价的问题，将主要注意力集中于评价过程，强调评价过程中评价给予个体更多被认可的可能。因此，关注教学过程，对课堂中学生进行表情识别的技术也在近年被引入教学评价场景，它可以帮助教师更好地理解学生的情感状态和学习状况，从而进行科学的教学效果评估。相关的研究包括，Liu 等通过摄像头捕捉学生的面部表情，然后对学生的情感用模型进行计算，进而提示教师哪些学生需要被更多关注。Liu 等通过观察课堂内的学生面部表情来评估整个课堂的氛围，帮助教师采取措施来改善授课方式。与本章内容有关的学术研究当下正在积极地开展。

与表情识别技术相关的研究背景主要集中在以下两个方面，包括多人物表情数据集的构建和表情识别的相关方法。数据集构建：建立一个大规模、多人物的课堂内表情数据集是进行表情识别研究的基础。近年来，一些类似的研究已经构建了许多相关的表情数据集，如 RAF-DB 和 AffectNet 等。北京师范大学的孙波团队也提出了真实课堂的学生行为数据集。虽然这些数据集采集了大量人物的表情状态，但是它们的标签都是基于单个人物的情绪状态，能够识别多个人物的整体情绪状态并标注教学效果的表情数据集亟须被提出。表情识别方法：对于表情识别任务，需要从人脸图像中提取出有效的情绪特征。常用的特征提取方法包括基于传统特征描述子的方法和基于深度学习的方法。传统的特征描述子方法有时能在表情识别中取得令人满意的效果，但面对日益庞大的数据量和复杂的人物背景显得难以应对。基于深度学习的方法在这类任务上却显示出了巨大的潜力。因此，近年来，研究者们在表情识别任务上的主要方向为优化后的深度神经网络或特征描述子与深度学习相结合的方法。例如，Sun 等使用生成对抗网络（GAN）来融合具有判别力的多种特征，进而提高表情识别的精度。Jiang 等引入强化学习架构和自训练的方式在人机交互界面提高了模型表情识别的能力。此外，北京邮电大学的邓伟洪团队和 Canal 等分别发表了与表情识别相关的综述文章。尽管大量的研究工作提出了各种模型来完成表情识别任务，但这些模型大多没有充分地利用图像颜色通道间的相关信息。它们通常在输入时会把彩色图像直接转变成灰度图像，或当输入为多通道数据（如 RGB 彩色图像）时，只在第一个隐藏层使用多通道卷积核将多通道数据合并为单通道的数据（灰度图像）。相比于彩色图像，转换后的灰度图像只保留了特征中的强度值，舍弃了特征中所包含的色调与亮度。相关研究已经证实，减少了颜色通道相关信息这一项重要的判别依据，会对表情识别的准确率产生一定的负面影响。因此，四元数理论由于具有对多维信号很强的处理能力，在彩色图像处理的任务中被广泛地应用，申请人在前期的研究基础上证实了结合四元数理论与深度学习的模型能更好地捕捉目标任务中的颜色线索，并提高最终的识别精度。基于这些国内外的相关研究，本章面向课堂教育场景提出了一种能充分利用图像中颜色通道信息并能结合深度学习的网络模型，且根据该模型进行了高效的课堂教学评估。

本章内容为了能在真实课堂多人物的表情识别任务中充分地利用图像颜色信息，在获得较高识别精度的基础上更准确地评估实际教学效果，共设置了两个研究目标：

（1）基于课堂教学中学习效率与表情识别的研究经验，制定一种基于学生群体表情的课堂教学效果评价标准并开放一个针对目标任务的数据集；

（2）通过结合四元数理论和深度学习领域广泛使用的 Transformer 网络模型，构造一个新的四元数域 Transformer 模型对多个人物的表情进行综合识别。

针对上述两点研究目标，规划了以下两项研究内容，其具体细节如图 7.1 所示。

（1）建立一个具备教学评价标签的真实大学课堂多人物的表情数据集。当前的研究都还未出现基于课堂多人物表情识别进行教学评价的数据集，因此，本课题首先收集并整理了在真实的大学课堂教学场景下多人物的表情图像，根据课堂中教学评价经验与表情识别结果，制定一个基于学生群体表情的课堂教学效果评估标准。依据该评

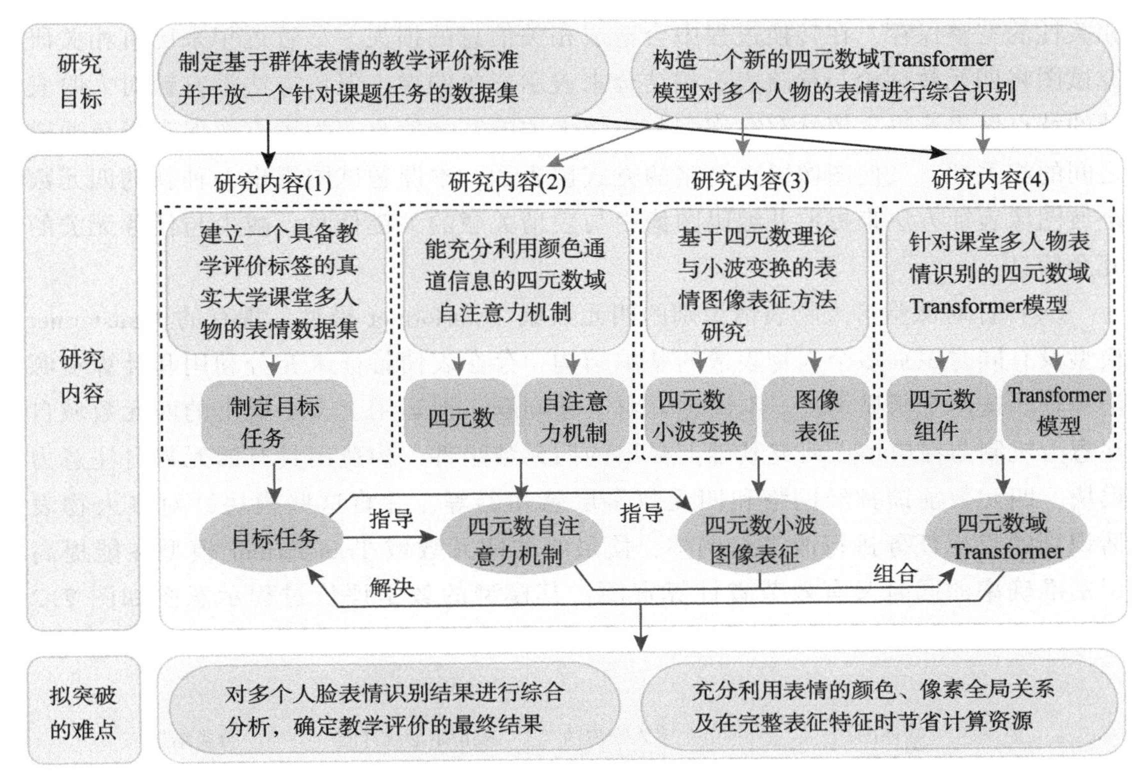

图 7.1 本章课堂教学场景研究内容示意图

估标准，对所有收集到的多人物表情图像进行科学的、有效的人工标注，即计算出每个学生的表情类别并统计总共的表情比例，然后标注出其学习效率为高效、正常、疲劳、低效四种类别。最终，依靠这些数据建立一个有教学效率标签的真实课堂多人物表情数据集。

（2）能充分利用颜色通道信息的四元数域自注意力机制。在计算机视觉中，绝大多数现有的方法没有考虑到图像颜色通道之间的相关性，通常在输入时会把彩色图像直接转变成灰度图像。此外，最广泛使用的卷积操作也只能从图像的局部像素进行特征分析，无法利用全局像素的联系，这两个不足都会造成关键信息的丢失。在前期研究中，四元数理论已经被证实能很好地与深度学习相结合来处理颜色通道间的相关信息，并有效地提高表情识别的精度。此外，自注意力机制也在许多计算机视觉任务中被证实具有对全局像素长距离依赖的捕捉能力。因此，为了充分地利用图像中颜色通道信息和像素全局关系来获得更多相关线索，本章结合四元数理论和自注意力机制，建立一种四元数域自注意力机制来提取表情特征，使识别结果更加准确。

（3）基于四元数理论与小波变换的表情图像表征方法。直接输入彩色人脸图像到模型会耗费很多不必要的计算资源，但传统的图像表征方式都未考虑颜色通道间相关性的完整保存，在转换过程中会造成相关信息的损失。尽管近年来已有相关研究试图将四元数理论与稀疏表示相结合来表示彩色图像，但该方法没有针对人脸表情的特点做出改进，依然存在许多与表情无关的冗余信息。为了有效保存颜色通道之间的相关性，又使图像以更简略的方式被表示，本课题试图提出一种新的四元数小波图像表征方法来提取并编码图像中与表情关联的关键信息，减少与任务无关的冗余信息。

（4）针对课堂多人物表情识别的四元数域 Transformer 模型。现有的 Transformer 模型没有同时识别多个人物表情的基本结构，存在表情特征未充分利用和计算资源消耗较多这两个明显不足。本课题针对上述问题，拟运用上文中提出的四元数域自注意力机制与在申请人研究基础上提出的四元数组件，构造出具有四元数自注意力模块、四元数前馈神经网络和四元数多层感知器等，并将这些模块针对多人物表情识别的目标任务进行改进与调整，使最终的四元数域 Transformer 模型在能提高识别准确率的同时又有效节省计算资源。其模型的教学评价过程示意图如图 7.2 所示。

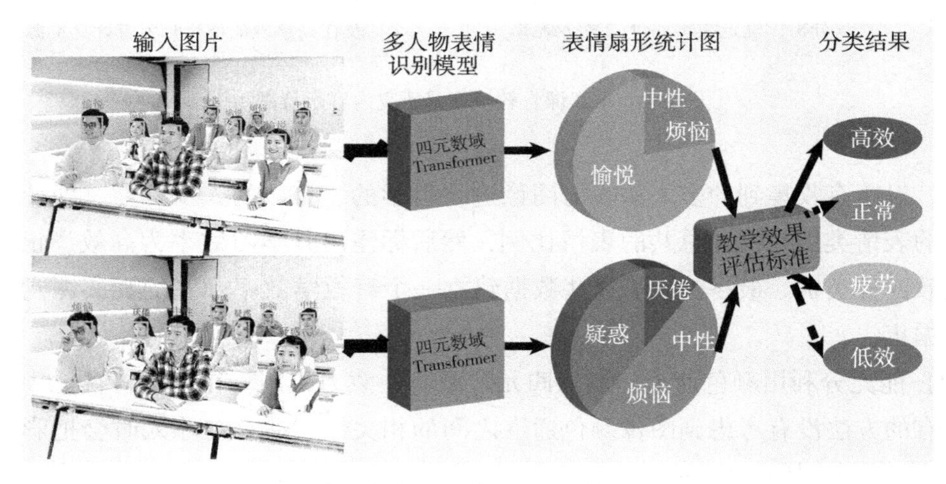

图 7.2　多人物表情识别的教学评估方法示意图

具体来说，针对多人物表情自动识别的课堂教学评价的目标，本章提出了相应的策略和模型，并解决了存在的若干关键问题与难点。总体研究思路和关键技术方法如图 7.3 所示。

本研究依据真实课堂内学生的群体表情识别结果来制定更为精确的教学效果评估标准。该评估标准将直接从多个人物的表情推断出所有学生的整体课堂参与情况，进

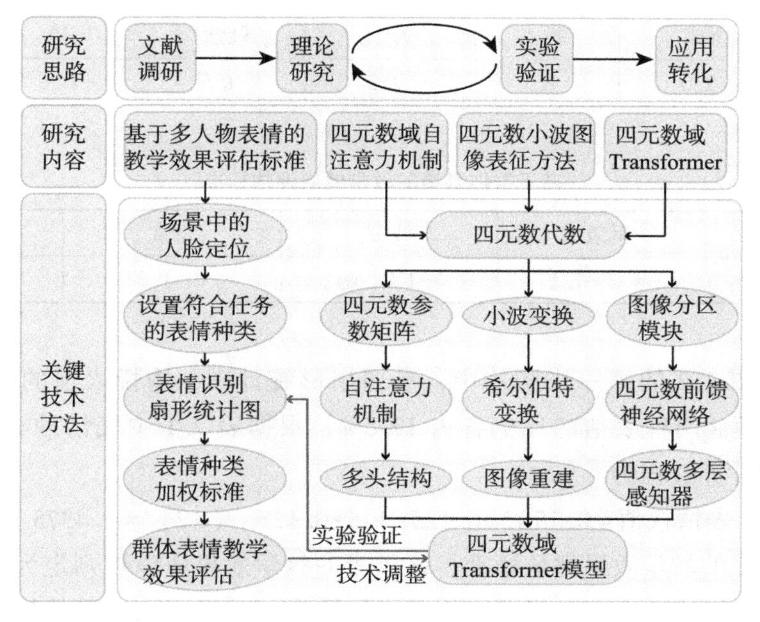

图 7.3 总体方法和关键技术示意图

而判断出该课堂的授课效率，为更客观和可靠的教学评估构建基础。

本章首先收集了真实大学课堂内的教学场景，通过经典的人脸定位方法（如MTCNN）寻找到课堂图像中所有的人脸，然后再利用本研究所设计四元数域Transformer模型识别图像中每个人脸的具体表情类别。由于课堂场景内的表情与生活中的表情基本相似但又略有区别，因此本章只对与学习状态相关的表情进行识别，场景内的表情更改为了六个更为贴合目标任务的基本类别，包括愉悦、投入、中性、疑惑、厌倦和烦恼。愉悦的典型表现为露出笑容；投入的通常表现是睁大眼睛；中性则是一般情况下认真听课的状态，它们都代表了学生对课堂内容产生兴趣；疑惑的表现是学生目视前方眉头紧锁；厌倦是低下头或闭上眼睛；烦恼则是表情烦躁且目光朝下，这些表情的出现说明学生已经对课堂不感兴趣。接下来，在过程中计算并统计图像中所有人物的表情类别和各种类别的人物总数，并通过扇形统计图以简洁直观的方式呈现出来。然后，将六种课堂表情的比例乘以设定的权值，权值的大小与特定表情在课堂中的影响相关联，例如，愉悦代表着课堂效果最佳，而烦恼代表课堂效果最差。最后，将扇形统计图的结果与制定的教学效果评估标准相对照，划分得到四个基本的课堂效率类别。表 7.1 和表 7.2 分别为课堂表情种类的加权标准和基于群体表情的教学效果评估标准。

表 7.1　课堂表情种类的加权标准

表情类别	愉悦	投入	中性	疑惑	厌倦	烦恼
权值	2.0	1.5	1.5	−1.5	−1.5	−2.0

表 7.2　基于群体表情的教学效果评估标准

	低效	疲劳	正常	高效
取值范围	(−∞，−1.2]	(−1.2，0)	[0，1.2)	[1.2，+∞)

例如，在图 7.2 的第一张图片中，参照扇形统计图，愉悦表情的比例占整体的 75%，中性和烦恼两种表情的比例各占 12.5%，根据表 7.1 中表情种类的加权标准，其最终权值的计算过程为

$$\text{表情权值} = 0.75\times2+0.125\times1.5+0.125\times(-2) = 1.4375$$

根据表 7.2 的教学效果评估标准，该场景的教学效果应该被判定为高效状态。依照同样的方式，图 7.2 中第二张图片的最终权值为−0.875，该场景的教学效果应该被判定为疲劳状态。现阶段表 7.1 和表 7.2 中两种标准的制定只参考了相关文献与实际教学经验。在后续的研究中会根据项目实验结果与工程化效果，对基于群体表情的教学效果评估标准做出更为细致的调整。

总体上来讲，本章内容的特色之处在于提出将课堂中教学效果的评估方式从以往研究中单个学生的表情识别转换为多个人物的群体表情识别，使学生学习效率的评估结果更加全面和客观。

7.2　表情识别应用于投资交易场景

近年来，表情分析技术在人工智能和计算机视觉领域保持着非常高的研究热度。该项技术是通过设计智能算法来自动化地识别人脸表现出来的情绪，从而理解人类内心的情感状态。由于表情分析技术的研究能推动新兴产业发展且符合社会的实际需求，党中央、国家发展改革委、科技部、工信部等都颁布了一系列政策来促进表情识别在交叉学科中协同创新。在最近几年的研究中，表情分析技术的研究成果在面向人民生命健康的问题上发挥了巨大的作用。例如，在医疗领域，通过分析抑郁症患者的表情变化，有效地帮助医生监控患者情绪并及时干预和治疗高危患者，挽救了许多患者的生命。鉴于表情分析技术具有“透视”人类真实想法的巨大优势，本章内容探索了新的路径，试图挖掘该项技术在面向经济主战场时的应用潜力。

自党的二十大以来，我国社会加快了经济与产业转型的步伐，当前市场急需一些

创新手段来激励投资者与消费者的交易兴趣。而本章内容正是通过对投资者和消费者的表情特征进行精确分析，有效地捕捉这些细微但关键的市场信号，为企业和决策者提供更为精准的市场趋势预测。如图 7.4 所示，在金融投资领域，投资市场往往充满不确定性，投资者的情绪波动可以对市场产生重大影响。通过对投资者的情绪进行实时分析，可以更好地理解市场的变化，帮助投资者和企业管理风险，制定更为稳健的投资策略。该技术的应用，不仅能提高投资的成功率，还能在一定程度上防范和减轻市场的极端波动，为整个金融市场的稳定和健康发展提供支持。此外，在当前的消费市场中，个性化和定制化服务越来越受到消费者的青睐。通过分析消费者的情绪反应，企业可以更深入地理解客户的真实需求和偏好，进而提供更加符合客户期望的产品和服务。这种精准化的市场定位和客户服务不仅能提升客户满意度，还能增强客户忠诚度，从而为企业带来更长远的市场竞争优势。

投资者的表情分析

消费者的表情分析

图 7.4　投资者与消费者的交易兴趣分析示意图

在国内外近年来的研究中，使用面部表情分析技术来理解并预测投资者和消费者交易行为可以说是一个全新的方向。该项技术的应用有助于评估观察对象的情感反应，这对于制定投资策略和营销策略至关重要。在对于投资者交易兴趣的相关研究中，其侧重点主要集中在理解股市非理性波动与投资者情绪之间的关系，相关研究使用的技术主要依靠的是文本分析、媒体数据以及网络舆情。但是，当前还未有通过使用计算机视觉的技术来直接监测投资人在公开场合的表情状态，进而量化分析和预测投资人的交易热情的相关研究。相比于文字和语言等间接手段，人脸表情的分析结果更加精确和直接，因此，本节的选题对于激励投资市场的交易兴趣具有很强的实用意义。在对于促进消费者交易兴趣的工作中，人脸表情分析的技术早已大放异彩。Landwehr 等于 2011 年提出了在产品投放中，观察所收集到的顾客的反馈表情，从而改进生产过程和市场营销策略。Hamelin 等也在 2017 年就提出了基于表情识别的方法来投放车载广告，并取得了较好的市场销售效果。Qian 等在 2023 年提出了基于表情分析的方法来分析广告对消费者的影响。尽管已经存在许多相关的研究工作，但这些方法都还只是通过统计学的方法建立表情与消费之间的联系，并没有应用自动表情识别技术来量化情绪对交易的影响。

本节的主题是“表情识别应用于投资交易场景”，研究对象是复杂场景下投资者与消费者所展现的自然表情状态，并且需要通过得到的表情结果分析目标人物的交易兴趣，达到预测投资者和消费者交易行为的目的。整节内容的总体框架如图 7.5 所示，包含三个主要部分：人脸的提取与预处理、四元数神经网络对提取表情的识别、依据表情结果对目标人物交易兴趣的分析预测。

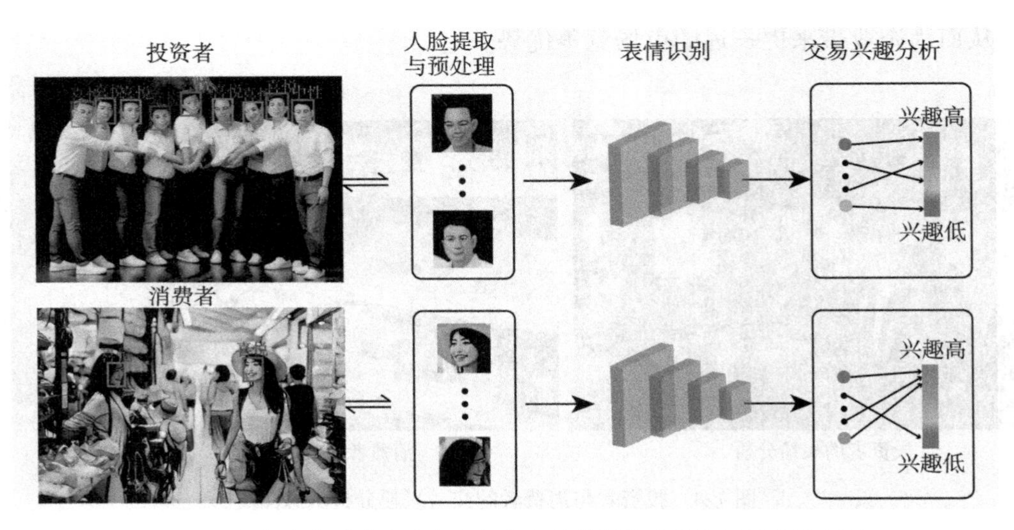

图 7.5　投资者与消费者交易兴趣的表情分析技术整体框架的示意图

具体来说，收集到的目标人物的图像往往来自复杂开放的户外自由环境，非常容易受到头部姿态变化、异物遮挡和光照变化这三个外部因素的影响。因此，为了解决这些环境干扰因素，首先在人脸的提取与预处理步骤中提出了人脸关键点检测、姿态矫正和人脸分割的策略来处理头部姿态变化和异物遮挡的影响。此外，由于四元数神经网络在许多相关研究中已经被证实对不良光照所引起的颜色变化有很强的处理能力，提出一种具有混合结构的四元数神经网络模型来提高光照变化条件下人脸表情识别的准确率。最后，基于四元数网络模型识别所得到的表情结果，借助历史经验对目标人物的投资和消费兴趣进行分析和预测，例如正面情绪（如喜悦）表示兴趣高，负面情绪（如愤怒或轻蔑）表示兴趣低。

如图 7.6 所示，本章包含三个大的研究目标：

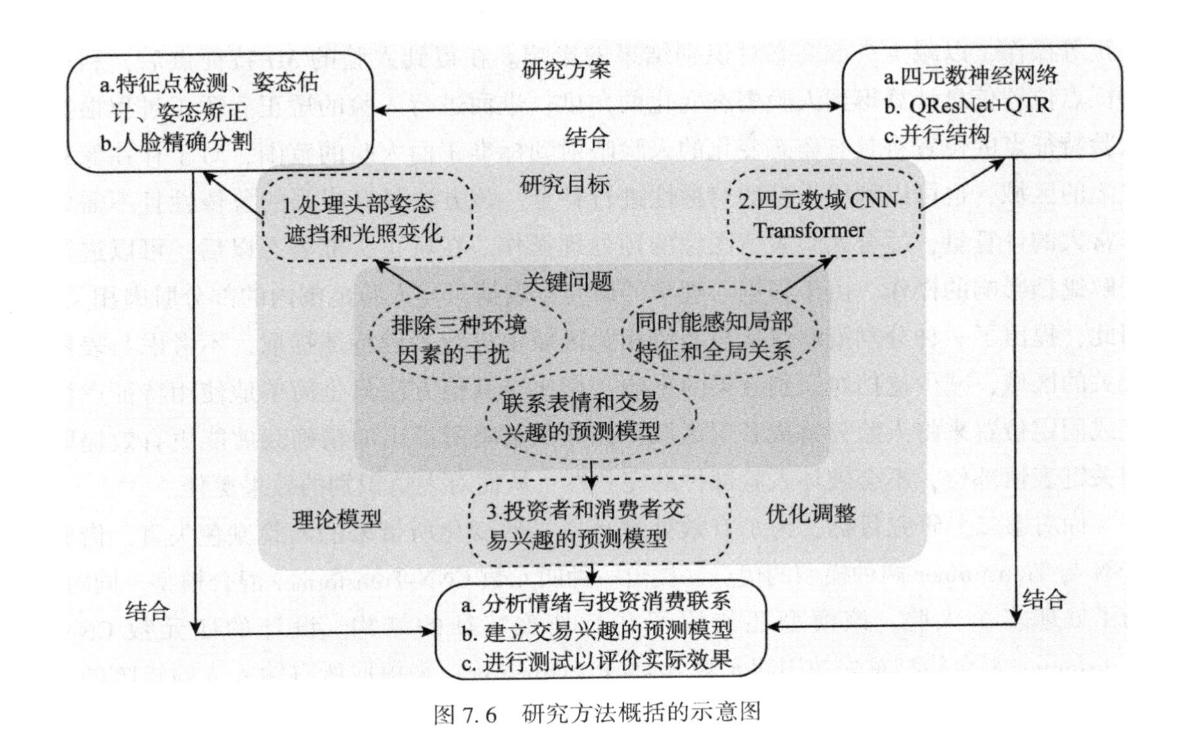

图 7.6 研究方法概括的示意图

（1）在复杂开放的户外自由环境下，目标人物的人脸表情往往会被头部姿态和遮挡这两个环境因素所干扰。基于已有的研究基础，针对这个复杂环境问题，首先需要制定一套对图像中人脸进行提取和预处理的流程，包含对人脸进行特征点检测、姿态估计、姿态矫正等操作，用以减少头部姿态对识别结果的影响，然后进一步对人脸进行精确分割，去除与表情无关的区域，仅从相关区域中进行关键特征选择，从而减少遮挡对识别精度的影响。

（2）由于户外自由环境中存在光照的变化，本项目引入了对彩色图像具有处理优势的四元数神经网络架构，根据已有的网络数基本单元，提出一种能处理复杂环境中光照变化带来人脸颜色失真问题的表情识别模型。该模型基于四元数理论和 CNN-Transformer 结构，它既能合理利用图像颜色信息，也能同时使用 CNN 对局部信息的处理能力和 Transformer 对全局像素的建模能力，令目标人物表情识别的结果更加准确。

（3）在得到图像中目标人物的表情识别结果以后，分析正面情绪（如喜悦、兴奋）和负面情绪（如愤怒、轻蔑）与投资决策或消费习惯之间的关系。其过程为首先将表情分析结果与历史投资和消费交易数据进行对比，验证表情与实际行为之间的相关性；然后开发预测模型，用以预测个体在特定情绪下的投资和消费倾向；最后根据真实场景进行调整和优化，使其具有实际应用价值。

为了解决第一个研究目标，本章研究先对人脸进行特征点检测、姿态估计、姿态矫正等操作，以减少头部姿态对识别结果的影响。在得到人脸的 3D 特征点后，利用特征点位置信息计算得到人脸姿态变化的角度，进而进行人脸的矫正。矫正过程根据人脸特征点的位置将具有姿态变化的人脸映射到标准正面人脸的范围，对于存在像素缺陷的区域，也可以利用人脸的对称性进行补全。该方法具有很强的鲁棒性且不需要非常大的计算量，适合人脸表情图像的预处理操作。在矫正头部姿态以后，可以进行缓解遮挡影响的操作。由于根据心理学的研究，表情只与人脸范围内的部分肌肉相关，因此，提出了一种分割策略仅从与表情相关区域中进行关键特征提取，不考虑与表情无关的区域，减少遮挡对识别效果的影响。相比于其他方法只是简单地使用特征点标记或固定位置来将人脸分解成若干区域，该分割策略所提出的精确裁剪能更有效提取到关键表情部位，不会破坏人脸部件的完整性，从而对表情识别的效果更佳。

面对第二个研究目标，为了有效处理环境光照变化所带来的人脸颜色失真，借鉴 CNN 与 Transformer 两种模型的优点，提出一种四元数 CNN-Transformer 混合模型。同时，为了处理多个人脸，该模型还使用了并行处理特征的结构。设计的四元数 CNN-Transformer 混合模型首先使用四元数 ResNet（QResNet）来提取所有输入人脸矩阵的局部特征，QResNet 遵循实值 ResNet 的结构，其基本组件使用了四元数层来代替传统实数层。然后，以并行的方式将输出的四元数中间特征送入四元数 Transformer，它的结构能同时处理多个输入序列。图 7.7 所示为四元数 CNN-Transformer 的具体结构示意图。

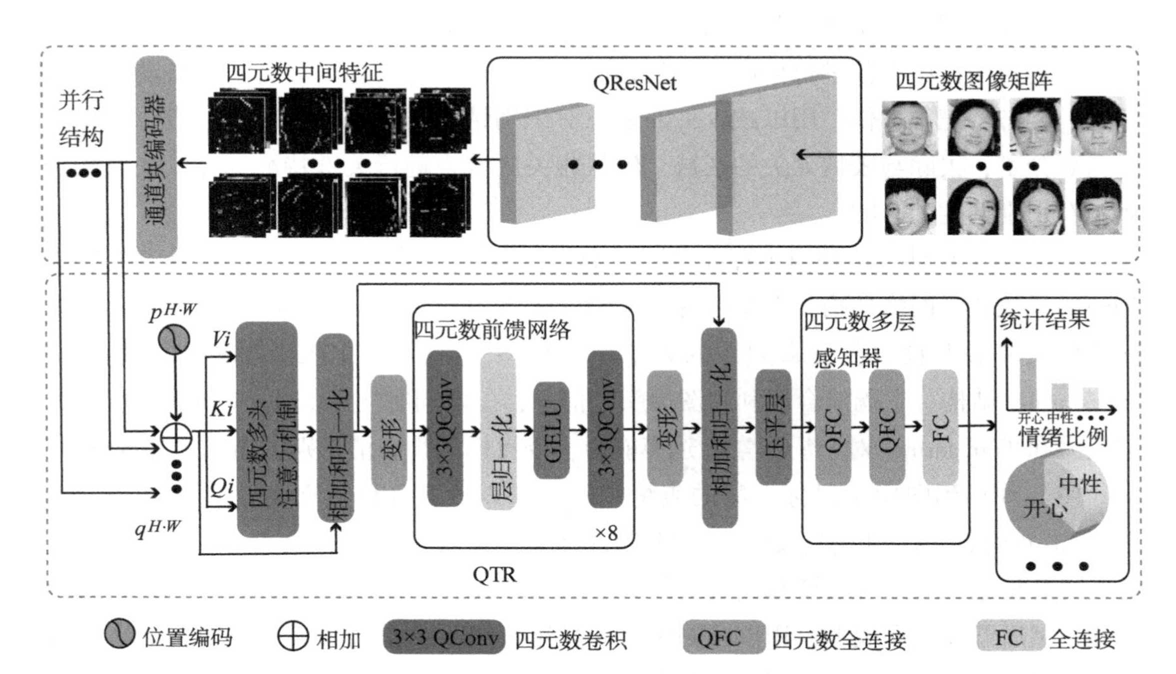

图 7.7　四元数 CNN-Transformer 的具体结构示意图

面对第三个研究目标，为了对应表情结果与交易兴趣之间的联系，首先要收集历史投资者与消费者的图像数据作为训练集，分析正面和负面情绪与投资决策或消费习惯之间的关系并将表情分析结果与历史的投资和消费数据进行对比，以验证表情与实际行为之间的相关性，如图 7.8 所示。基于上述分析结果，设计面对投资者和消费者交易兴趣的预测模型，用以预测个体在特定情绪下的投资和消费倾向。此外，在预测模型中还要加入风险评估机制，以评估预测的准确性和可能的偏差。预测模型建立以后，在控制环境下，根据测试结果和用户反馈对模型进行调整和优化。值得注意的是，基于伦理和隐私考虑，在使用预测模型进行测试时，要确保所有被分析的个人都明确同意使用他们的表情数据，并采取措施保护个人数据的安全性和隐私性。

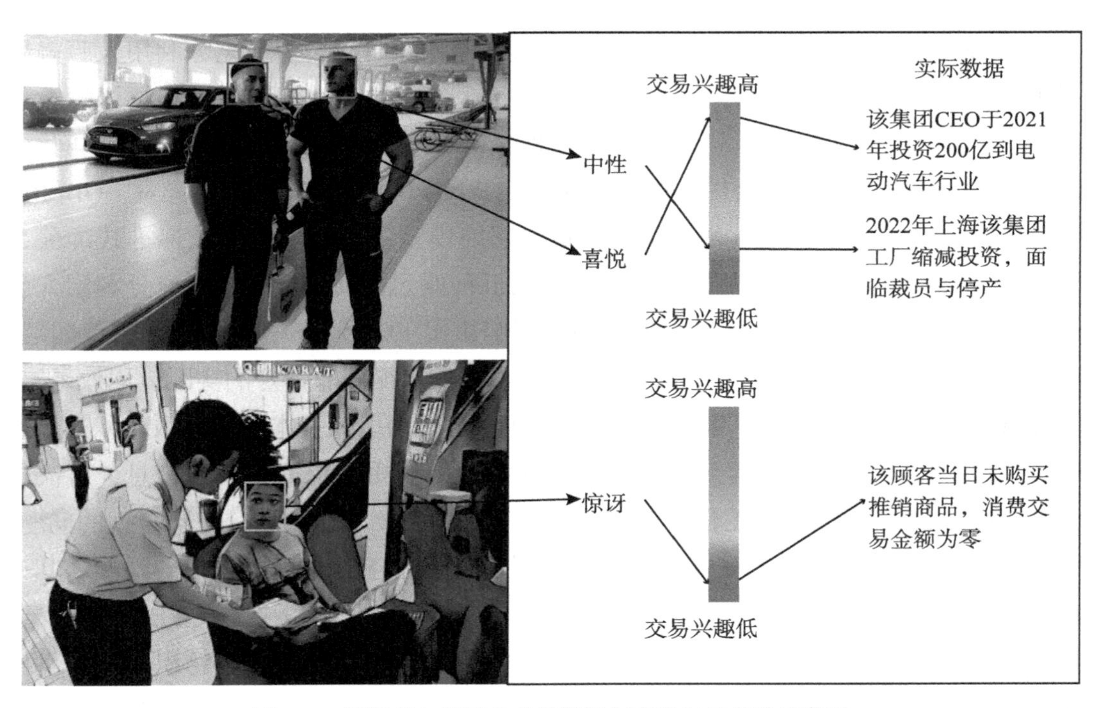

图 7.8 投资者与消费者表情结果与交易兴趣关联示意图

综上所述，该应用梳理出了应用中的三个关键问题，即如何排除三种环境因素的干扰、如何设计能感知局部特征和全局关系的模型、如何联系表情和交易兴趣的预测模型。根据这三个关键问题，进而制定出了需要研究的目标，包括处理好头部姿态、遮挡和光照变化，设计四元数 CNN-Transformer 网络以及设计投资者和消费者交易兴趣的预测模型。基于以上研究目标，再分别制定对应的研究方案，并将理论模型联系实际场景进行优化调整，得到最后的表情识别应用于投资交易场景的研究成果。

第8章　总结与展望

8.1　本书的主要研究成果及创新点

本书基于四元数网络对彩色FER任务进行了深入的研究。为了充分利用人脸表情图像中的颜色通道之间的相关性，提出了用四元数理论与深度网络模型相结合的方法来处理人脸表情图像数据。本书将四元数理论分别融入卷积神经网络、胶囊网络、LBP描述子和Transformer结构，提出了QGA-CNN、DQG-CNN、Q-CapsNet、QDLBP-Net和四元数Transformer这五种基于四元数的网络模型，它们以并列或递进式的关系来提高不同场景下FER的识别精度。所提出的五种四元数网络模型除了充分利用人脸表情图像中颜色通道的相关信息之外，还分别解决了FER任务中的若干个关键问题。最后，本书还将以上提出的技术应用于两个真实场景，得到非常好的实际应用效果。

在QGA-CNN中，提出了将四元数Gabor注意力机制引入基本的四元数卷积神经网络结构，建立的四元数模型重新分配了人脸注意力的权重和提取了通道信息，解决了人脸表情图像中彩色图像通道信息未充分利用和人脸重要区域权重分配不合理的问题。该网络在FER数据集上取得了显著的识别效果，但是由于其卷积层结构的限制，其识别能力还需要进一步提升。因此，本书又提出了DQG-CNN模型来完成FER任务，该网络引入了可变形层和四元数Gabor特征参数初始化到基础的四元数卷积神经网络模型中，通过对采样区域以及参数初始化方式的改进，提升了最终识别的精度，但是DQG-CNN模型对SFEW数据集的识别效果还有继续提升的空间。接着，又提出了Q-CapsNet模型，该网络模型采用区域注意力机制加强了对人脸区域的分割，并且使用了胶囊网络的结构来提取特征的位姿和空间信息，解决了卷积神经网络对表情识别任务存在局限以及人脸重要区域权重分配不合理的问题，该网络模型在室内和户外的FER数据集上都取得了显著的进步。为了专门针对户外条件的FER数据集，本书还提出了QDLBP-Net模型，在预处理阶段对图像数据中的头部姿势进行了计算和校正，然后使用四元数可变形LBP提取了表情的特征，最后使用一个四元数浅层网络进行最终的判别，该模型主要解决了干扰因素对表情数据有影响和表情特征提取不充分的问题，显著地提高了在户外表情数据集上的识别精度。为了解决充分捕捉和融合各类细粒度的表情特征问题，本书最后提出了四元数 Transformer 模型，该模型从结构上将颜色光谱信息融入分析模块，通过结合 CNN 和 Transformer 的优点，实现了对人脸局部细节（如肌肉纹理变化）与全局像素关系（如五官轮廓变化）的深入分析和整合，模型在四个广泛使用的数据集和一些特定条件下的数据集上都取得了显著的识别效果。总而言之，相比于已存在的一些方法，本书所提出的五种四元数网络模型都有效地提升了在彩色 FER 数据集上的识别精度。具体见表 8.1。

表 8.1　**五种四元数网络模型的对比**

数据集	四元数网络模型	识别精度
Oulu-CASIA	QGA-CNN	99.48%
	DQG-CNN	99.58%
	Q-CapsNet	99.27%
	QDLBP-Net	99.31%
	四元数 Transformer	99.42%
MMI	QGA-CNN	99.12%
	DQG-CNN	99.36%
	Q-CapsNet	99.18%
	QDLBP-Net	99.23%
	四元数 Transformer	99.31%
SFEW	QGA-CNN	44.12%
	DQG-CNN	45.86%
	Q-CapsNet	61.90%
	QDLBP-Net	60.40%
	四元数 Transformer	64.16%
RAF-DB	QGA-CNN	80.32%
	DQG-CNN	81.77%
	Q-CapsNet	86.86%
	QDLBP-Net	89.64%
	四元数 Transformer	91.31%

续表

数据集	四元数网络模型	识别精度
AffectNet	QGA-CNN	58.96%
	DQG-CNN	59.83%
	Q-CapsNet	65.42%
	QDLBP-Net	67.31%
	四元数 Transformer	68.37%

表 8.1 还比较了在多个表情数据集上本书所提出的四元数网络模型的最终识别精度。在实验室控制表情数据集 Oulu-CASIA 和 MMI 上，QGA-CNN 的识别精度已经分别达到 99.48%和 99.12%；在添加了可变形卷积层和四元数 Gabor 特征初始化之后，DQG-CNN 在这两个数据集的识别精度继续上升到了 99.58%和 99.36%。相比之下，Q-CapsNet 在 Oulu-CASIA 和 MMI 上的识别精度分别为 99.27%和 99.18%，QDLBP-Net 在这两个数据集上的识别精度分别为 99.31%和 99.23%，四元数 Transformer 在这两个数据集上的识别精度分别为 99.42%和 99.31%。由此可见，在实验室控制表情数据集 Oulu-CASIA 和 MMI 上，Q-CapsNet、QDLBP-Net 以及四元数 Transformer 并不一定能取得比 QGA-CNN 和 DQG-CNN 更好的识别效果。

在户外场景条件的彩色人脸表情数据集 SFEW 上，QGA-CNN 得到了 44.12%的识别准确率，DQG-CNN 得到了 45.86%的识别准确率，Q-CapsNet 和 QDLBP-Net 分别得到了 61.90%和 60.40%的识别准确率，而四元数 Transformer 则取得了 64.16%的识别准确率。在户外场景条件数据集 RAF-DB 上，QGA-CNN 得到了 80.32%的识别准确率，DQG-CNN 得到了 81.77%的识别准确率，Q-CapsNet 和 QDLBP-Net 分别得到了 86.86%和 89.64%的识别准确率，四元数 Transformer 得到了 91.31%的识别准确率。在户外场景的数据集 AffectNet 中，QGA-CNN 得到了 58.96%的识别准确率，DQG-CNN 得到了 59.83%的识别准确率，Q-CapsNet 和 QDLBP-Net 分别得到了 65.42%和 67.31%的识别准确率，识别准确率最高的为四元数 Transformer，为 68.37%。

从表 8.1 可知，由于 Q-CapsNet 具有区域注意力机制和胶囊网络的结构，它在户外场景条件数据集上取得了比 QGA-CNN 和 DQG-CNN 更好的识别效果。相似地，因为 QDLBP-Net 在预处理阶段使用了姿态校正与面部分解策略，并且采用四元数可变形 LBP 来提取特征，它在户外场景条件数据集 SFEW、RAF-DB 和 AffectNet 上都取得了不错的识别效果。四元数 Transfomer 由于合并了四元数 CNN 和四元数自注意力机制的优势，在户外场景数据集上也取得了最好的实验效果。

综上所述，对于实验室控制表情数据集 Oulu-CASIA 和 MMI，本书所提出的模型

QGA-CNN 和 DQG-CNN 具有更好的识别效果。由于添加了可变形层和四元数 Gabor 参数初始化等部件，基于四元数 CNN 的 DQG-CNN 网络模型在实验室控制表情数据集上获得的识别精度是四个四元数模型中最高的。对于户外场景条件的彩色人脸表情数据集 SFEW、RAF-DB 和 AffectNet，模型 Q-CapsNet、QDLBP-Net 和四元数 Transformer 都取得了非常好的表情识别效果。

总的来说，本书围绕实际表情识别任务中存在的诸如没有充分利用图像中通道的相关信息、传统网络模型对表情识别任务存在局限、传统卷积层不具备几何变形的能力、一些干扰因素会影响最终的识别效果和不清晰人脸图像特征不容易提取等问题，分别提出了将四元数理论结合到卷积神经网络、Gabor 滤波器、胶囊网络、LBP 描述子和 Transformer 框架中，来构建新的模型进而提取更丰富的特征信息。此外，为了令注意力能合理分配到与表情相关区域，还提出了区域注意力机制和姿态校正与面部分解策略等方法。本书的主要创新之处如下：

（1）本书所提出的所有模型都是基于四元数理论来进行彩色人脸表情识别。将四元数理论融合到网络模型中，不仅使模型具备深度学习的特征提取能力，同时也充分地利用了四元数技术对图像中通道之间相关信息的提取能力。因此，从某种程度上来说，本书主要是结合了四元数技术与深度学习网络模型的优势，提高了表情识别的精度。

（2）本书基于心理学家所提出的观点，即具体的人脸表情实际上是由特定的脸部肌肉所控制的事实，提出了对人脸关键区域进行分割的策略。由于在户外环境下采集到的人脸图像往往有不同的头部姿态变化，因此，本书还提出了一种新的姿态校正方法。这些预处理操作在人脸表情识别中十分重要，它们使得表情图像中的特征信息更加明显。

（3）本书针对传统模型在图像中做卷积时不具备几何变形能力的缺陷，提出了用可变形层和可变形 LBP 描述子的方法对图像中的特征进行提取。可变形层是在卷积过程中给采样点添加了可偏移量，使得卷积的采样范围可以动态地变化。可变形 LBP 描述子是通过计算图像中的头部姿态来改变采样范围并且保存了颜色通道之间的信息。它们都是通过在对图像进行特征提取时进行采样范围的变形，使提取的表情信息更加丰富。

（4）本书还针对真实情况下存在不同清晰度人脸图像的问题，提出了融合 CNN 局部特征提取能力和 Transformer 全局像素捕捉能力的网络框架。该模型框架既能捕捉人脸局部特征（肌肉纹理变化），也能考虑到全局像素关系（五官轮廓变化），因而能获取到不同细粒度的表情特征，进而提升模型的识别能力。

（5）本书还将提出的技术实际应用在了课堂教育场景和投资交易场景。在课堂教育场景中，本书制定了基于学生群体表情的课堂教学效果评估标准，为教学效果的科学评估提供了依据。在投资交易场景中，分析了表情识别结果与交易兴趣之间的联系，开发了基于表情分析的投资兴趣预测模型，增强了对市场动态的理解，有助于合理制定投资策略。

8.2　研究展望

基于四元数网络的彩色人脸表情识别方法研究在多个交叉学科和实际商业应用上都有非常大的潜在价值，其中所包含的关键技术能有效地弥补现有模型的不足。本书现阶段的主要工作是将四元数理论与不同结构的网络模型相结合来完成人脸识别任务，在研究的过程中，发现还存在一些问题没有充分地解决。在之后的工作中，还可以从以下几个方面展开进一步的探索和研究：

（1）四元数表示方法目前只是将彩色图像中 RGB 三个通道的值放入三个对应的虚部，实部一般初始化为零或放置一些附加的信息项（例如色调或者颜色梯度）。这种方法虽然有效，但是未能充分地利用四元数实部与虚部之间的联系。在未来的工作中，可以考虑在实部放置对 RGB 通道具有约束性质的多项式或其他特征信息。

（2）随着对人脸表情的采样方式越来越丰富，也许表情数据的背景会越来越复杂，并且采集的表情数据中可能会出现更多姿态变化、光照变化、部分遮挡和肤色差异。为了解决这些问题，可以考虑使用更加有效的图像预处理方式，如对人脸肌肉更精确地切割或者是对遮挡人脸进行补充生成。

（3）随着大数据时代的来临，人脸表情的数据规模也会越来越大。为了应对海量的人脸表情数据，在未来的工作中，可以考虑使用更轻量级的四元数模型。通过简化计算方式，使模型的参数和浮点运算数尽可能地降低。

（4）表情识别技术在未来其他创新的应用中还能挖掘更多应用潜力，例如，在健康医疗领域，应用表情分析可以监测患者的情绪变化，辅助诊断心理健康问题；在智能家居系统中，表情识别可以用于个性化家庭自动化来调整照明、温度或音乐，以适应居住者的情绪状态；在老年人护理中，表情识别技术可以帮助监测老年人的情绪和社交需求，以便为他们提供更加及时和个性化的关怀。

参考文献

[1] 李珊. 基于深度学习的真实世界人脸表情识别研究 [D]. 北京：北京邮电大学，2021.

[2] 张海峰. 基于多特征融合的人脸表情识别研究 [D]. 合肥：中国科学技术大学，2020.

[3] Shan Li, Weihong Deng. Deep Facial Expression Recognition: A Survey [J]. IEEE Transactions on Affective Computing, 2022, 13 (3): 1195-1215.

[4] Carmen Bisogni, Aniello Castiglione, Sanoar Hossain, Fabio Narducci, Saiyed Umer. Impact of Deep Learning Approaches on Facial Expression Recognition in Healthcare Industries [J]. IEEE Transactions on Industrial Informatics, 2022, 18 (8): 5619-5627.

[5] Guihua Wen, Zhi Hou, Huihui Li, Danyang Li, Lijin Jiang, Eryang Xun. Ensemble of Deep Neural Networks with Probability-based Fusion for Facial Expression Recognition [J]. Cognitive Computation, 2017, 9 (5): 597-610.

[6] Yingjian Li, Yao Lu, Bingzhi Chen, Zheng Zhang, Jinxing Li, Guangming Lu, et al. Learning Informative and Discriminative Features for Facial Expression Recognition in the Wild [J]. IEEE Transactions on Circuits and Systems for Video Technology, 2021, 32 (5): 3178-3189.

[7] Nicole Lazzeri, Daniele Mazzei, Alberto Greco, Annalisa Rotesi, Antonio Lanatà, Danilo E. De Rossi. Can a Humanoid Face be Expressive? A Psychophysiological Investigation [J]. Frontiers in Bioengineering and Biotechnology, 2015, 3 (1): 64.

[8] S L Happy, Aurobinda Routray. Automatic Facial Expression Recognition Using Features of Salient Facial Patches [J]. IEEE Transactions on Affective Computing, 2014, 6 (1): 1-12.

[9] Bashar A. Rajoub, Reyer Zwiggelaar. Thermal Facial Analysis for Deception Detection [J]. IEEE Transactions on Information Forensics and Security, 2014, 9 (6): 1015-1023.

[10] Asim Jan, Hongying Meng, Yona Falinie, Binti A. Gaus, Fan Zhang. Artificial Intelligent System for Automatic Depression Level Analysis through Visual and Vocal Expressions [J]. IEEE Transactions on Cognitive and Developmental Systems, 2018, 10 (3): 668-680.

[11] Bo Jin, Yue Qu, Liang Zhang, Zhan Gao. Diagnosing Parkinson Disease through Facial Expression Recognition: Video Analysis [J]. Journal of Medical Internet Research, 2020, 22 (7): e18697.

[12] Huiting Wu, Yanshen Liu, Yi Liu, Sannvya Liu. Fast Facial Smile Detection Using Convolutional Neural Network in an Intelligent Working Environment [J]. Infrared Physics & Technology, 2020, 104 (1): 103061.

[13] Christos D. Katsis, Nikolaos Katertsidis, George Ganiatsas, Dimitrios I. Fotiadis. Toward Emotion Recognition in Car-racing Drivers: A Biosignal Processing Approach [J]. IEEE Transactions on Systems, Man, and Cybernetics-Part A: Systems and Humans, 2008, 38 (3): 502-512.

[14] Luefeng Chen, Min Wu, Mengtian Zhou, Jinhua She, Fangyan Dong, Kaoru Hirota. Information-driven Multirobot Behavior Adaptation to Emotional Intention in Human-robot Interaction [J]. IEEE Transactions on Cognitive and Developmental Systems, 2017, 10 (3): 647-658.

[15] Xiaofeng Liu, Site Li, Lingsheng Kong, Wanqing Xie, Ping Jia, Jane You, et al. Feature-level Frankenstein: Eliminating Variations for Discriminative Recognition [J] //Proceedings of the IEEE/CVF Conference on Computer Vision and Pattern Recognition (CVPR), Long Beach, CA, USA, June 16-20, 2019, IEEE, 2019: 637-646.

[16] Charles Darwin. The Expression of the Emotions in Man and Animals [M]. New York: Philosophical Library, 1872.

[17] Paul Ekman, Wallace V. Friesen. Constants across Cultures in the Face and Emotion [J]. Journal of Personality and Social Psychology, 1971, 17 (2): 124-129.

[18] Wenfei Gu, Cheng Xiang, Yedatore V. Venkatesh, Dong Huang, Hai Lin. Facial Expression Recognition Using Radial Encoding of Local Gabor Features and Classifier Synthesis [J]. Pattern Recognition, 2012, 45 (1): 80-91.

[19] Caifeng Shan, Shaogang Gong, Peter W. McOwan. Facial Expression Recognition Based on Local Binary Patterns: A Comprehensive Study [J]. Image and Vision Computing, 2009, 27 (6): 803-816.

[20] Siyue Xie, Haifeng Hu. Facial Expression Recognition Using Hierarchical Features with Deep Comprehensive Multipatches Aggregation Convolutional Neural Networks [J]. IEEE Transactions on Multimedia, 2018, 21 (1): 211-220.

[21] Siyue Xie, Haifeng Hu, Yongbo Wu. Deep Multi-path Convolutional Neural Network Joint with Salient Region Attention for Facial Expression Recognition [J]. Pattern Recognition, 2019, 92 (1): 177-191.

[22] Kae Nakajima, Tetsuto Minami, Shigeki Nakauchi. Interaction between Facial Expression and Color [J]. Scientific Reports, 2017, 7 (1): 1-9.

[23] Mark A. Changizi, Qiong Zhang, Shinsuke Shimojo. Bare Skin, Blood and the Evolution of Primate Colour Vision [J]. Biology Letters, 2006, 2 (2): 217-221.

[24] Asumi Takei, Shu Imaizumi. Effects of Color-emotion Association on Facial Expression Judgments [J]. Heliyon, 2022, 8 (1): e08804.

[25] Lianghai Jin, Zhiliang Zhu, Enmin Song, Xiangyang Xu. An Effective Vector Filter for Impulse Noise Reduction Based on Adaptive Quaternion Color Distance Mechanism [J]. Signal Processing, 2019, 155 (1): 334-345.

[26] Masayori Suwa. A Preliminary Note on Pattern Recognition of Facial Emotional Expression [J] //Proceedings of the 4th International Joint Conferences on Pattern Recognition, Kyoto, Japan, November 7-10, 1978, IEEE, 1978: 408-410.

[27] Tim F. Cootes, Chris J. Taylor, David H. Cooper, Jim Graham. Active Shape Models—Their Training and Application [J]. Computer Vision and Image Understanding, 1995, 61 (1): 38-59.

[28] Tim F. Cootes, Gareth J. Edwards, Chris J. Taylor. Active Appearance Models [M] //Proceedings of the European Conference on Computer Vision (ECCV), Berlin, Heidelberg, Germany, June 2-6, 1998, Springer, 1998: 484-498.

[29] Piotr Dollár, Peter Welinder, Pietro Perona. Cascaded Pose Regression [C] // Proceedings of the IEEE Computer Society Conference on Computer Vision and Pattern Recognition (CVPR), San Francisco, CA, USA, June 13-18, 2010, IEEE, 2010: 1078-1085.

[30] Yi Sun, Xiaogang Wang, Xiaoou Tang. Deep Convolutional Network Cascade for Facial Point Detection [C] // Proceedings of the IEEE Conference on Computer Vision and Pattern Recognition (CVPR), Portland, USA, June 23-28, 2013, IEEE, 2013: 3476-3483.

[31] Kaipeng Zhang, Zhanpeng Zhang, Zhifeng Li, Yu Qiao. Joint Face Detection and

Alignment Using Multitask Cascaded Convolutional Networks [J]. IEEE Signal Processing Letters, 2016, 23 (10): 1499-1503.

[32] Marek Kowalski, Jacek Naruniec, Tomasz Trzcinski. Deep Alignment Network: A Convolutional Neural Network for Robust Face Alignment [C] //Proceedings of the IEEE Conference on Computer Vision and Pattern Recognition (CVPR), Honolulu, USA, July 21-26, 2017, IEEE, 2017: 88-97.

[33] Adrian Bulat, Georgios Tzimiropoulos. How Far are We from Solving the 2D & 3D Face Alignment Problem? (and a Dataset of 230, 000 3D Facial Landmarks) [C] // Proceedings of the IEEE International Conference on Computer Vision (CVPR), Honolulu, USA, July 21-26, 2017, IEEE, 2017: 1021-1030.

[34] Chengjun Liu, Harry Wechsler. Gabor Feature Based Classification Using the Enhanced Fisher Linear Discriminant Model for Face Recognition [J]. IEEE Transactions on Image processing, 2002, 11 (4): 467-476.

[35] Chengjun Liu. Gabor-based Kernel PCA with Fractional Power Polynomial Models for Face Recognition [J]. IEEE Transactions on Pattern Analysis and Machine Intelligence, 2004, 26 (5): 572-581.

[36] Guoying Zhao, Matti Pietikainen. Dynamic Texture Recognition Using Local Binary Patterns with an Application to Facial Expressions [J]. IEEE Transactions on Pattern Analysis and Machine Intelligence, 2007, 29 (6): 915-928.

[37] Stephen Moore, Richard Bowden. Local Binary Patterns for Multi-view Facial Expression Recognition [J]. Computer Vision and Image Understanding, 2011, 115 (4): 541-558.

[38] Adin R. Rivera, Jorge R. Castillo, Oksam O. Chae. Local Directional Number Pattern for Face Analysis: Face and Expression Recognition [J]. IEEE Transactions on Image Processing, 2012, 22 (5): 1740-1752.

[39] Muhammad H. Siddiqi, Rahman Ali, Adil M. Khan, Young T. Park, Sungyoung Lee. Human Facial Expression Recognition Using Stepwise Linear Discriminant Analysis and Hidden Conditional Random Fields [J]. IEEE Transactions on Image Processing, 2015, 24 (4): 1386-1398.

[40] Maja Pantic, Ioannis Patras. Dynamics of Facial Expression: Recognition of Facial Actions and Their Temporal Segments from Face Profile Image Sequences [J]. IEEE Transactions on Systems, Man, and Cybernetics, Part B (Cybernetics), 2006, 36 (2): 433-449.

[41] Niculae Sebe, Michael S. Lew, Yafei Sun, Ira Cohen, Theo Gevers, Thomas S. Huang. Authentic Facial Expression Analysis [J]. Image and Vision Computing, 2007, 25 (12): 1856-1863.

[42] Xiaofeng Liu, Bhagavatula V. Kumar, Ping Jia, Jane You. Hard Negative Generation for Identity-disentangled Facial Expression Recognition [J]. Pattern Recognition, 2019, 88 (1): 1-12.

[43] Irene Kotsia, Ioannis Pitas. Facial Expression Recognition in Image Sequences Using Geometric Deformation Features and Support Vector Machines [J]. IEEE Transactions on Image Processing, 2006, 16 (1): 172-187.

[44] Abu Sayeed M. Sohail, Prabir Bhattacharya. Classification of Facial Expressions Using k-nearest Neighbor Classifier [M] //Proceedings of the International Conference on Computer Vision/Computer Graphics Collaboration Techniques and Applications, Berlin, Heidelberg, Germany, October 14-21, 2007, Springer, 2007: 555-566.

[45] Ghulam Ali, Muhammad A. Iqbal, Tae S. Choi. Boosted NNE Collections for Multicultural Facial Expression Recognition [J]. Pattern Recognition, 2016, 55 (1): 14-27.

[46] Salah Rifai, Yoshua Bengio, Aaron Courville, Pascal Vincent, Mehdi Mirza. Disentangling Factors of Variation for Facial Expression Recognition [M] // Proceedings of the European Conference on Computer Vision (ECCV), Berlin, Germany, November 12-13, 2012, Springer, 2012: 808-822.

[47] Yichuan Tang. Deep Learning Using Support Vector Machines [J]. CoRR, abs/1306.0239, 2013, 2 (1): 1.

[48] Samira E. Kahou, Vincent Michalski, Kishore Konda, Roland Memisevic, Christopher Pal. Recurrent Neural Networks for Emotion Recognition in Video [C] //Proceedings of the 2015 ACM on International Conference on Multimodal Interaction, New York, USA, November 9-13, 2015, ACM, 2015: 467-474.

[49] Heechul Jung, Sihaeng Lee, Junho Yim, Sunjeong Park, Junmo Kim. Joint Fine-tuning in Deep Neural Networks for Facial Expression Recognition [C] //Proceedings of the IEEE International Conference on Computer Vision (ICCV), Santiago, Chile, December 7-13, 2015, IEEE, 2015: 2983-2991.

[50] Mengyi Liu, Shaoxin Li, Shiguang Shan, Xilin Chen. Au-inspired Deep Networks for Facial Expression Feature Learning [J]. Neurocomputing, 2015, 159 (1): 126-136.

[51] Huibin Li, Jian Sun, Zongben Xu, Liming Chen. Multimodal 2D + 3D Facial Expression Recognition with Deep Fusion Convolutional Neural Network [J]. IEEE Transactions on Multimedia, 2017, 19 (12): 2816-2831.

[52] Sherly A. Alphonse, Dejey Dharma. Enhanced Gabor (E-Gabor), Hypersphere-based Normalization and Pearson General Kernel-based Discriminant Analysis for Dimension Reduction and Classification of Facial Emotions [J]. Expert Systems with Applications, 2017, 90 (1): 127-145.

[53] Anis Kacem, Mohamed Daoudi, Boulbaba B. Amor, Juan C. Alvarezpaiva. A Novel Space-time Representation on the Positive Semidefinite Cone for Facial Expression Recognition [C] //Proceedings of the IEEE International Conference on Computer Vision (ICCV), Venice, Italy, October 22-29, 2017, IEEE, 2017: 3180-3189.

[54] Kaihao Zhang, Yongzhen Huang, Yong Du, Liang Wang. Facial Expression Recognition Based on Deep Evolutional Spatial-temporal Networks [J]. IEEE Transactions on Image Processing, 2017, 26 (9): 4193-4203.

[55] Dinesh Acharya, Zhiwu Huang, Danda P. Paudel, Luc V. Gool. Covariance Pooling for Facial Expression Recognition [C] //Proceedings of the IEEE Conference on Computer Vision and Pattern Recognition Workshops, Salt Lake City, Utah, USA, June 18-22, 2018, IEEE, 2018: 367-374.

[56] Zhenbo Yu, Guangcan Liu, Qingshan Liu, Jiankang Deng. Spatio-temporal Convolutional Features with Nested LSTM for Facial Expression Recognition [J]. Neurocomputing, 2018, 317 (1): 50-57.

[57] Zhiding Yu, Cha Zhang. Image Based Static Facial Expression Recognition with Multiple Deep Network Learning [C] //Proceedings of the 2015 ACM on International Conference on Multimodal Interaction, New York, USA, November 9-13, 2015, ACM, 2015: 451-458.

[58] Jie Cai, Zibo Meng, Ahmed S. Khan, Zhiyuan Li, James O'Reilly, Yan Tong. Island Loss for Learning Discriminative Features in Facial Expression Recognition [C] //13th IEEE International Conference on Automatic Face & Gesture Recognition (FG), Xi'an, China, May 15-19, 2018, IEEE, 2018: 302-309.

[59] Shan Li, Weihong Deng. Reliable Crowdsourcing and Deep Locality-preserving Learning for Unconstrained Facial Expression Recognition [J]. IEEE Transactions on Image Processing, 2018, 28 (1): 356-370.

[60] Shan Li, Weihong Deng. A Deeper Look at Facial Expression Dataset Bias [J]. IEEE

Transactions on Affective Computing, 2021, 13 (2): 881-893.

[61] Ping Jiang, Gang Liu, Quan Wang, Jiang Wu. Accurate and Reliable Facial Expression Recognition Using Advanced Softmax Loss with Fixed Weights [J]. IEEE Signal Processing Letters, 2020, 27 (1): 725-729.

[62] Amir H. Farzaneh, Xiaojun Qi. Discriminant Distribution-agnostic Loss for Facial Expression Recognition in the Wild [C] //Proceedings of the IEEE/CVF Conference on Computer Vision and Pattern Recognition Workshops (CVPRW), Seattle, WA, USA, June 16-18, 2020, IEEE, 2020: 406-407.

[63] Huiyuan Yang, Umur Ciftci, Lijun Yin. Facial Expression Recognition by De-expression Residue Learning [C] //Proceedings of the IEEE Conference on Computer Vision and Pattern Recognition (CVPR), Salt Lake City, USA, June 18-22, 2018, IEEE, 2018: 2168-2177.

[64] Delian Ruan, Yan Yan, Si Chen, Jing H. Xue, Hanzi Wang. Deep Disturbance-disentangled Learning for Facial Expression Recognition [C] //Proceedings of the 28th ACM International Conference on Multimedia, Seattle, WA, USA, October 12-16, 2020, ACM, 2020: 2833-2841.

[65] Delian Ruan, Yan Yan, Shenqi Lai, Zhenhua Chai, Chunhua Shen, Hanzi Wang. Feature Decomposition and Reconstruction Learning for Effective Facial Expression Recognition [C] //Proceedings of the IEEE/CVF Conference on Computer Vision and Pattern Recognition (CVPR), in virtual, June 19-25, 2021, IEEE, 2021: 7660-7669.

[66] Wenyun Sun, Haitao Zhao, Zhong Jin. A Visual Attention Based ROI Detection Method for Facial Expression Recognition [J]. Neurocomputing, 2018, 296 (1): 12-22.

[67] Feifei Zhang, Tianzhu Zhang, Qirong Mao, Linyu Duan, Changsheng Xu. Facial Expression Recognition in the Wild: A Cycle-consistent Adversarial Attention Transfer Approach [C] //Proceedings of the ACM Multimedia Conference on Multimedia Conference, Seoul, Republic of Korea, October 22-28, 2018, ACM, 2018: 126-135.

[68] Yong Li, Jiabei Zeng, Shiguang Shan, Xilin Chen. Occlusion Aware Facial Expression Recognition Using CNN with Attention Mechanism [J]. IEEE Transactions on Image Processing, 2018, 28 (5): 2439-2450.

[69] Daizong Liu, Xi Ouyang, Shuangjie Xu, Pan Zhou, Kun He, Shiping Wen.

SAANet: Siamese Action-units Attention Network for Improving Dynamic Facial Expression Recognition [J]. Neurocomputing, 2020, 413 (1): 145-157.

[70] Zengqun Zhao, Qingshan Liu, Shanmin Wang. Learning Deep Global Multi-scale and Local Attention Features for Facial Expression Recognition in the Wild [J]. IEEE Transactions on Image Processing, 2021, 30 (1): 6544-6556.

[71] Zengqun Zhao, Qingshan Liu, Feng Zhou. Robust Lightweight Facial Expression Recognition Network with Label Distribution Training [C] //Proceedings of the AAAI Conference on Artificial Intelligence, California, USA, February 2-9, 2021, AAAI Press, 2021, 35 (4): 3510-3519.

[72] Zhengning Wang, Fanwei Zeng, Shuaicheng Liu, Bing Zeng. OAENet: Oriented Attention Ensemble for Accurate Facial Expression Recognition [J]. Pattern Recognition, 2021, 112 (1): 107694.

[73] Fuyan Ma, Bin Sun, Shutao Li. Facial Expression Recognition with Visual Transformers and Attentional Selective Fusion [J]. IEEE Transactions on Affective Computing, 2021, Early Access.

[74] Samaa M. Shohieb, Hamdy K. Elminir. Signs World Facial Expression Recognition System (FERS) [J]. Intelligent Automation & Soft Computing, 2015, 21 (2): 211-233.

[75] Patrick Lucey, Jeffrey F. Cohn, Takeo Kanade, Jason Saragih, Zara Ambadar, Iain Matthews. The Extended Cohn-kanade Dataset (ck+): A Complete Dataset for Action Unit and Emotion-specified Expression [C] //Proceedings of the 2010 IEEE Computer Society Conference on Computer Vision and Pattern Recognition-Workshops, San Francisco, CA, USA, June 13-18, 2010, IEEE, 2020: 94-101.

[76] Christopher Pramerdorfer, Martin Kampel. Facial Expression Recognition Using Convolutional Neural Networks: State of the Art [J]. arXiv preprint, 2016, arXiv: 1612.02903.

[77] Hui Ding, Shaohua K. Zhou, Rama Chellappa. FaceNet2ExpNet: Regularizing a Deep Face Recognition Net for Expression Recognition [C] //Proceedings of the 12th IEEE International Conference on Automatic Face & Gesture Recognition (FG 2017), Washington DC, USA, May 30-June 3, 2017, IEEE, 2017: 118-126.

[78] Guoying Zhao, Xiaohua Huang, Matti Taini, Stan Z. Li, Matti Pietikäinen. Facial Expression Recognition from Near-infrared Videos [J]. Image and Vision Computing, 2011, 29 (9): 607-619.

[79] Abhinav Dhall, Roland Goecke, Simon Lucey, Tom Gedeon. Static Facial Expression Analysis in Tough Conditions: Data, Evaluation Protocol and Benchmark [C] // Proceedings of the IEEE International Conference on Computer Vision Workshops (ICCV Workshops), Barcelona, Spain, November 6-13, 2011, IEEE, 2011: 2106-2112.

[80] Shan Li, Weihong Deng, Junping Du. Reliable Crowdsourcing and Deep Locality-preserving Learning for Expression Recognition in the Wild [J] //Proceedings of the IEEE Conference on Computer Vision and Pattern Recognition (CVPR), Hawaii, USA, July 21-26, 2017, IEEE, 2017: 2852-2861.

[81] Ali Mollahosseini, Behzad Hasani, Mohammad H. Mahoor. Affectnet: A Database for Facial Expression, Valence, and Arousal Computing in the Wild [J]. IEEE Transactions on Affective Computing, 2017, 10 (1): 18-31.

[82] Zhanpeng Zhang, Ping Luo, Chen Change Loy, Xiaoou Tang. From Facial Expression Recognition to Interpersonal Relation Prediction [J]. International Journal of Computer Vision, 2018, 126: 550-569.

[83] Laurens van der Maaten, Geoffrey Hinton. Visualizing Data Using t-SNE [J]. Journal of Machine Learning Research, 2008, 9 (11): 2579-2605.

[84] Lianghai Jin, Zhiliang Zhu, Enmin Song, Xiangyang Xu. An Effective Vector Filter for Impulse Noise Reduction Based on Adaptive Quaternion Color Distance Mechanism [J]. Signal Processing, 2019, 155 (1): 334-345.

[85] Yongyong Chen, Xiaolin Xiao, Yicong Zhou. Low-rank Quaternion Approximation for Color Image Processing [J]. IEEE Transactions on Image Processing, 2019, 29 (1): 1426-1439.

[86] Yaoru Sun, Robert Fisher. Object-based Visual Attention for Computer Vision [J]. Artificial Intelligence, 2003, 146 (1): 77-123.

[87] Chenquan Gan, Junhao Xiao, Zhangyi Wang, Zufan Zhang, Qingyi Zhu. Facial Expression Recognition Using Densely Connected Convolutional Neural Network and Hierarchical Spatial Attention [J]. Image and Vision Computing, 2022, 117 (1): 104342.

[88] Jingying Chen, Lei Yang, Lei Tan, Ruyi Xu. Orthogonal Channel Attention-based Multi-task Learning for Multi-view Facial Expression Recognition [J]. Pattern Recognition, 2022, 129 (1): 108753.

[89] William R. Hamilton. Elements of Quaternions [M]. London: Longmans Green,

1866.

[90] Rushi Lan, Yicong Zhou, Yuan Y. Tang. Quaternionic Local Ranking Binary Pattern: A Local Descriptor of Color Images [J]. IEEE Transactions on Image Processing, 2015, 25 (2): 566-579.

[91] Tiecheng Song, Liangliang Xin, Chenqiang Gao, Tianqi Zhang, Yao Huang. Quaternionic Extended Local Binary Pattern with Adaptive Structural Pyramid Pooling for Color Image Representation [J]. Pattern Recognition, 2021, 115 (1): 107891.

[92] Lianghai Jin, Hong Liu, Xiangyang Xu, Enmin Song. Quaternion-based Impulse Noise Removal from Color Video Sequences [J]. IEEE Transactions on Circuits and Systems for Video Technology, 2012, 23 (5): 741-755.

[93] Lei Li, Lianghai Jin, Xiangyang Xu, Enmin Song. Unsupervised Color-texture Segmentation Based on Multiscale Quaternion Gabor Filters and Splitting Strategy [J]. Signal Processing, 2013, 93 (9): 2559-2572.

[94] Cong Xu, Qing Li, Dezheng Zhang, Jiarui Cui, Zhenqi Sun, Hao Zhou. A Model with Length-variable Attention for Spoken Language Understanding [J]. Neurocomputing, 2020, 379 (1): 197-202.

[95] Wenya Guo, Ying Zhang, Jufeng Yang, Xiaojie Yuan. Re-attention for Visual Question Answering [J]. IEEE Transactions on Image Processing, 2021, 30 (1): 6730-6743.

[96] Daniela Gabor. Theory of Communication. Part Ⅰ: The Analysis of Information [J]. Journal of the Institution of Electrical Engineers-Part III: Radio and Communication Engineering, 1946, 93 (26): 429-441.

[97] Linlin Shen, Li Bai. A Review on Gabor Wavelets for Face Recognition [J]. Pattern Analysis and Applications, 2006, 9 (2): 273-292.

[98] Sergey Ioffe, Christian Szegedy. Batch Normalization: Accelerating Deep Network Training by Reducing Internal Covariate Shift [C] //Proceedings of the International Conference on Machine Learning, Lille, France, July 6-11, 2015, PMLR, 2015: 448-456.

[99] Chase J Gaudet, Anthony S Maida. Deep Quaternion Networks [C] //Proceedings of the International Joint Conference on Neural Networks (IJCNN), Rio, Brazil, July 8-13, 2018, IEEE, 2018: 1-8.

[100] Jifeng Dai, Haozhi Qi, Yuwen Xiong, Yi Li, Guodong Zhang, Han Hu, et al. Deformable Convolutional Networks [C] //Proceedings of the IEEE International

Conference on Computer Vision (ICCV), Venice, Italy, October 22-29, 2017, IEEE, 2017: 764-773.

[101] Sara Sabour, Nicholas Frosst, Geoffrey E. Hinton. Dynamic Routing Between Capsules [J]. Advances in Neural Information Processing Systems, 2017, 30 (1): 30-41.

[102] Mensah K. Patrick, Adebayo F. Adekoya, Ayidzoe A. Mighty, Baagyire Y. Edward. Capsule Networks—A Survey [J]. Journal of King Saud University-Computer and Information Sciences, 2022, 34 (1): 1295-1310.

[103] Geoffrey E Hinton, Sara Sabour, Nicholas Frosst. Matrix Capsules with EM Routing [C] //Proceedings of the International Conference on Learning Representations, Vancouver, Canada, April 30-May 3, 2018, ICLR Press, 2018: 1-10.

[104] Adam Kosiorek, Sara Sabour, Yee W. Teh, Geoffrey E. Hinton. Stacked Capsule Autoencoders [J]. Advances in Neural Information Processing Systems, 2019, 2 (1): 32-43.

[105] Jathushan Rajasegaran, Vinoj Jayasundara, Sandaru Jayasekara, Hirunima Jayasekara, Suranga Seneviratne, Ranga Rodrigo. Deepcaps: Going Deeper with Capsule Networks [C] //Proceedings of the IEEE/CVF Conference on Computer Vision and Pattern Recognition (CVPR), Long Beach, California, USA, June 16-20, 2019, IEEE, 2019: 10725-10733.

[106] Ayush Jaiswal, Wael AbdAlmageed, Yue Wu, Premkumar Natarajan. Capsulegan: Generative Adversarial Capsule Network [C] //Proceedings of the European Conference on Computer Vision (ECCV), Munich, Germany, September 8-14, 2018, Springer, 2018: 1-12.

[107] Zhiyu Zhu, Gaoliang Peng, Yuanhang Chen, Huijun Gao. A Convolutional Neural Network Based on a Capsule Network with Strong Generalization for Bearing Fault Diagnosis [J]. Neurocomputing, 2019, 323 (1): 62-75.

[108] Tsun Y Yang, Yi T Chen, Yen Y Lin, Yung Y Chuang. Fsa-net: Learning Fine-grained Structure Aggregation for Head Pose Estimation from a Single Image [C] // Proceedings of the IEEE/CVF Conference on Computer Vision and Pattern Recognition (CVPR), Long Beach, CA, USA, June 16-20, 2019, IEEE, 2019: 1087-1096.

[109] Ramprasaath R Selvaraju, Michael Cogswell, Abhishek Das, Ramakrishna Vedantam, Devi Parikh, Dhruv Batra. Grad-Cam: Visual Explanations from Deep

Networks via Gradient-based Localization [C] //Proceedings of the IEEE International Conference on Computer Vision (ICCV), Venice, Italy, October 22-29, 2017, IEEE, 2017: 618-626.

[110] Timo Ojala, Matti Pietikäinen, David Harwood. A Comparative Study of Texture Measures with Classification Based on Featured Distributions [J]. Pattern Recognition, 1996, 29 (1): 51-59.

[111] Wei L Chao, Jun Z Liu, Jian J Ding, Po H Wu. Facial Expression Recognition Using Expression-specific Local Binary Patterns and Layer Denoising Mechanism [C] //Proceedings of the 9th International Conference on Information, Communications & Signal Processing, Taiwan, China, December 10-13, 2013, IEEE, 2013: 1-5.

[112] Bin Xiao, Kaili Wang, Xiuli Bi, Weisheng Li, Junwei Han. 2D-LBP: An Enhanced Local Binary Feature for Texture Image Classification [J]. IEEE Transactions on Circuits and Systems for Video Technology, 2018, 29 (9): 2796-2808.

[113] Timo Ojala, Matti Pietikäinen, Topi Mäenpää. Gray Scale and Rotation Invariant Texture Classification with Local Binary Patterns [C] //Proceedings of the European Conference on Computer Vision (ECCV), Berlin, Heidelberg, Germany, June 26-July 1, 2000, Springer, 2000: 404-420.

[114] Loris Nanni, Alessandra Lumini, Sheryl Brahnam. Survey on LBP Based Texture Descriptors for Image Classification [J]. Expert Systems with Applications, 2012, 39 (3): 3634-3641.

[115] Rushi Lan, Yicong Zhou, Yuan Y Tang, Philip C Chen. Person Reidentification Using Quaternionic Local Binary Pattern [C] //Proceedings of 2014 IEEE International Conference on Multimedia and Expo (ICME), Chengdu, China, July 14-18, 2014, IEEE, 2014: 1-6.

[116] Yiming Wang, Xinghui Dong, Gongfa Li, Junyu Dong, Hui Yu. Cascade Regression-based Face Frontalization for Dynamic Facial Expression Analysis [J]. Cognitive Computation, 2021, 14 (1): 1571-1584.

[117] Kai Y. Tsai, Yi W. Tsai, Yih C. Lee, Jian J. Ding, Ronald Y. Chang. Frontalization and Adaptive Exponential Ensemble Rule for Deep-learning-based Facial Expression Recognition System [J]. Signal Processing: Image Communication, 2021, 96 (1): 116321.

[118] Feifei Zhang, Tianzhu Zhang, Qirong Mao, Changsheng Xu. Joint Pose and Expression Modeling for Facial Expression Recognition [C] //Proceedings of IEEE Conference on Computer Vision and Pattern Recognition (CVPR), Salt Lake City, Utah, USA, June 19-21, 2018, IEEE, 2018: 3359-3368.

[119] Yujun Shen, Ping Luo, Junjie Yan, Xiaogang Wang, Xiaoou Tang. Faceid-gan: Learning a Symmetry Three-Player GAN for Identity-preserving Face Synthesis [C] //Proceedings of the IEEE Conference on Computer Vision and Pattern Recognition (CVPR), Salt Lake City, Utah, USA, June 18-22, 2018, IEEE, 2018: 821-830.

[120] Weihong Deng, Jiani Hu, Zhongjun Wu, Jun Guo. Lighting-Aware Face Frontalization for Unconstrained Face Recognition [J]. Pattern Recognition, 2017, 68 (1): 260-271.

[121] Tal Hassner, Shai Harel, Eran Paz, Roee Enbar. Effective Face Frontalization in Unconstrained Images [C] //Proceedings of IEEE Conference on Computer Vision and Pattern Recognition (CVPR), Boston, MA, USA, June 7-12, 2015, IEEE, 2015: 4295-4304.

[122] Kai Wang, Xiaojiang Peng, Jianfei Yang, Debin Meng, Yu Qiao. Region Attention Networks for Pose and Occlusion Robust Facial Expression Recognition [J]. IEEE Transactions on Image Processing, 2020, 29 (1): 4057-4069.

[123] Marc H. Bornstein, William Kessen, Sally Weiskopf. Color Vision and Hue Categorization in Young Human Infants [J]. Journal of Experimental Psychology: Human Perception and Performance, 1976, 2 (1): 115-129.

[124] Silvano D. Zenzo. A Note on the Gradient of a Multi-image [J]. Computer Vision, Graphics, and Image Processing, 1986, 33 (1): 116-125.

[125] Lianghai Jin, Hong Liu, Xiangyang Xu, Enmin Song. Improved Direction Estimation for Di Zenzo's Multichannel Image Gradient Operator [J]. Pattern Recognition, 2012, 45 (12): 4300-4311.

[126] Jing Jiang, Weihong Deng. Boosting Facial Expression Recognition by A Semi-supervised Progressive Teacher [J]. IEEE Transactions on Affective Computing, 2021, Early Access.

[127] Yinglu Liu, YanMing Zhang, XuYao Zhang, ChengLin Liu. Adaptive Spatial Pooling for Image classification [J]. Pattern Recognition, 2016, 55: 58-67.

[128] Tsung-Yi Lin, Piotr Dollar, Ross Girshick, Kaiming He, Bharath Hariharan, Serge

Belongie. Feature Pyramid Networks for Object Detection [C] //Proceedings of the IEEE/CVF Conference on Computer Vision and Pattern Recognition (CVPR). 2017: 2117-2125.

[129] Huihui Song, Wenjie Xu, Dong Liu, Bo Liu, Qingshan Li. Multi-stage Feature Fusion Network for Video Super-resolution [J]. IEEE Transactions on Image Processing, 2021, 30: 2923-2934.

[130] Alexey Dosovitskiy, Lucas Beyer, Alexander Kolesnikov. An Image is Worth 16x16 Words: Transformers for Image Recognition at Scale [J]. arXiv preprint arXiv: 2010.11929, 2020.

[131] Fanglei Xue, Qiangchang Wang, Guodong Guo. Transfer: Learning Relation-aware Facial Expression Representations with Transformers [C] //Proceedings of the IEEE/CVF International Conference on Computer Vision (ICCV). 2021: 3601-3610.

[132] Rui Zhao, Tianshan Liu, Zixun Huang, Daniel P. K. Lun, Kin-Man Lam. Spatial-temporal Graphs Plus Transformers for Geometry-guided Facial Expression recognition [J]. IEEE Transactions on Affective Computing, 2022, 14 (4): 2751-2767.

[133] Yongfeng Tao, Minqiang Yang, Huiru Li, Yushan Wu, Bin Hu. DepMSTAT: Multimodal Spatio-Temporal Attentional Transformer for Depression Detection [J]. IEEE Transactions on Knowledge and Data Engineering, 2024, 36 (7): 2956-2966.

[134] Wai Lam Chan, Hyeokho Choi, Richard G. Baraniuk. Coherent Multiscale Image Processing Using Dual-tree Quaternion Wavelets [J]. IEEE Transactions on Image Processing, 2008, 17 (7): 1069-1082.

[135] Yandong Guo, Lei Zhang, Yuxiao Hu, Xiaodong He, Jianfeng Gao. Ms-celeb-1m: A Dataset and Benchmark for Large-scale Face Recognition. In 14th European Conference on Computer Vision (ECCV), Amsterdam, Netherlands, October 11-14, 2016, Springer, 2016: 87-102.

[136] Jie Cai, Zibo Meng, Ahmed Shehab Khan, Zhiyuan Li, James O'Reilly, Yan Tong. Probabilistic Attribute Tree Structured Convolutional Neural Networks for Facial Expression Recognition in the Wild [J]. IEEE Transactions on Affective Computing, 2022, 14 (3): 1927-1941.

[137] Hangyu Li, Nannan Wang, Xi Yang, Xiaoyu Wang, Xinbo Gao. Unconstrained Facial Expression Recognition with No-reference De-elements Learning [J]. IEEE

Transactions on Affective Computing, 2023, 15 (1): 173-185.

[138] Hamid Sadeghi, Abolghasem-A. Raie. HistNet: Histogram-based Convolutional Neural Network with Chi-squared Deep Metric Learning for Facial Expression Recognition [J]. Information Sciences, 2022, 608: 472-488.

[139] Hanwei Liu, Huiling Cai, Qingcheng Lin, Xuefeng Li, Hui Xiao. Adaptive Multilayer Perceptual Attention Network for Facial Expression Recognition [J]. IEEE Transactions on Circuits and Systems for Video Technology, 2022, 32 (9): 6253-6266.

[140] Delian Ruan, Rongyun Mo, Yan Yan, Si Chen, Jing-Hao Xue, Hanzi Wang. Adaptive Deep Disturbance-disentangled Learning for Facial Expression Recognition [J]. International Journal of Computer Vision, 2022, 130 (2): 455-477.

[141] Ziyang Zhang, Xiang Tian, Yuan Zhang, Kailing Guo, Xiangmin Xu. Enhanced Discriminative Global-local Feature Learning with Priority for Facial Expression Recognition [J]. Information Sciences, 2023, 630: 370-384.

[142] Xuanchi Chen, Xiangwei Zheng, Kai Sun, Weilong Liu, Yuang Zhang. Self-supervised vision Transformer-based Few-shot Learning for Facial Expression Recognition [J]. Information Sciences, 2023, 634: 206-226.

[143] Mingyi Sun, Weigang Cui, Yue Zhang, Shuyue Yu, Xiaofeng Liao, Bin Hu, Yang Li. Attention-rectified and Texture-enhanced Cross-attention Transformer Feature Fusion Network for Facial Expression Recognition [J]. IEEE Transactions on Industrial Informatics, 2023, 19 (12): 11823-11832.

[144] Fanglei Xue, Qiangchang Wang, Guodong Guo. Transfer: Learning Relation-aware Facial Expression Representations with Transformers [C] //Proceedings of the IEEE/CVF International Conference on Computer Vision, 2021: 3601-3610.

[145] Dongliang Chen, Guihua Wen, Huihui Li, Rui Chen, Cheng Li. Multi-relations Aware Network for In-the-wild Facial Expression Recognition [J]. IEEE Transactions on Circuits and Systems for Video Technology, 2023, 33 (8): 3848-3859.

[146] Hangyu Li, Nannan Wang, Yi Yu, Xi Yang, Xinbo Gao. LBAN-IL: A Novel Method of High Discriminative Representation for Facial Expression Recognition [J]. Neurocomputing, 2021, 432: 159-169.

[147] Xiaojiang Peng, Yuxin Gu, Panpan Zhang. Au-guided Unsupervised Domain-adaptive Facial Expression Recognition [J]. Applied Sciences, 2022, 12 (9): 4366.

[148] Nadir Kamela Benamara, Mikelb Val-Calvo, Jose Ramónb Álvarez-Sánchez. Real-time Facial Expression Recognition Using Smoothed Deep Neural Network Ensemble [J]. Integrated Computer-Aided Engineering, 2021, 28 (1): 97-111.

[149] Zheng Lian, Ya Li, Jian-Hua Tao, Jian Huang, Ming-Yue Niu. Expression Analysis Based on Face Regions in Real-world Conditions [J]. International Journal of Automation and Computing, 2020, 17: 96-107.

[150] Mojtaba Kolahdouzi, Alireza Sepas-Moghaddam, Ali Etemad. Facetoponet: Facial Expression Recognition Using Face Topology Learning [J]. IEEE Transactions on Artificial Intelligence, 2022.

[151] Mina Bishay, Petar Palasek, Stefan Priebe, Ioannis Patras. Schinet: Automatic Estimation of Symptoms of Schizophrenia from Facial Behaviour Analysis [J]. IEEE Transactions on Affective Computing, 2019, 12 (4): 949-961.

[152] M. Amine Mahmoudi, Aladine Chetouani, Fatma Boufera, Hedi Tabia. Learnable Pooling Weights for Facial Expression Recognition [J]. Pattern Recognition Letters, 2020, 138: 644-650.

附录　中英文缩写对照表

FER　Facial Expression Recognition（人脸表情识别）

LBP　Local Binary Pattern（局部二值模式）

ASM　Active Shape Model（主动轮廓模型）

AAM　Active Appearance Model（主动外观模型）

CPR　Cascaded Pose Regression（级联姿势回归模型）

MTCNN　Multi-task Cascaded Convolutional Network（多任务级联卷积网络）

DAN　Deep Alignment Network（深度调整网络）

2D　Two-dimensional（二维）

3D　Three-dimensional（三维）

PCA　Principal Component Analysis（主成分分析方法）

TOP　Tool Orthogonal Plane（正交平面）

AU　Action Unit（运动单元）

FACS　Facial Action Coding System（面部动作编码系统）

KNN　k-Nearest Neighbor Classifier（k 近邻分类器）

CNN　Convolutional Neural Network（卷积神经网络）

DCMA-CNNs　Deep Comprehensive Multipatches Aggregation Convolutional Neural Networks（深度综合多补丁聚合卷积神经网络）

DLP-CNN　Deep Locality-Preserving Convolutional Neural Network（深度位置保持卷积神经网络）

OAENet　Oriented Attention Enable Network（定向注意使能网络）

SAANet　Siamese Action-units Attention Network（暹罗行动单位注意网络）

DDL　Deep Disturbance-disentangled Learning（深度解扰学习）

QDLBP　Quaternion Deformable Local Binary Pattern（四元数可变形局部二值模式）

JAFFE　Japanese Female Facial Expression（日本女性的面部表情）

t-SNE　t-distribued Stochastic Neighbor Embedding（t-分布随机邻居嵌入）

FLOPs　Floating-point Operations Per second（浮点运算数）

QR　Quaternion Representation（四元数表示）

BP　Back Propagation（反向传播算法）

BN　Batch Normalization（批归一化）

FC　Fully-Connected Layer（全连接层）

CapsNet　Capsule Networks（胶囊网络）

QGA-CNN　Quaternion CNN integrated with an Gabor Attention（引入了注意力机制的四元数 Gabor 卷积神经网络）

MQGF　Multidirectional Quaternion Gabor Filters（多方向的四元数 Gabor 滤波器）

DQG-CNN　Deformable Quaternion Gabor Convolutional Neural Network（可变形四元数 Gabor 卷积神经网络）

Q-CapsNet　Quaternion Capsule Network（四元数胶囊网络）

QWA-CapsNet　Quaternion Capsule Network Without Attention（不含区域注意力的比较模型）

QDLBP　Quaternion Deformable Local Binary Pattern（四元数可变形局部二值模式）

PCFD　Pose-Correction Facial Decomposition（姿态校正与面部分解策略）

QC-Net　Quaternion Classification Network（四元数分类网络）

GAN　Generative Adversarial Network（生成对抗网络）

彩色插图

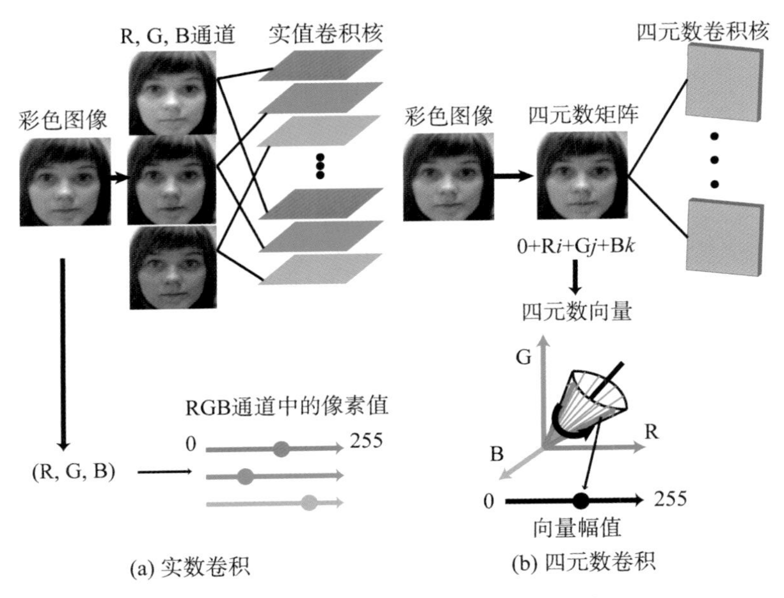

图 2. 4　实数卷积与四元数卷积的对比示意图

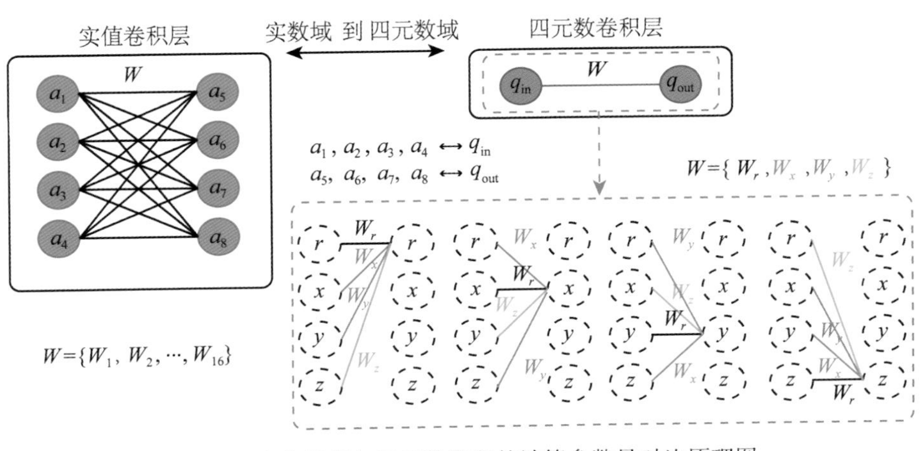

图 2. 5　实值卷积与四元数卷积的计算参数量对比原理图

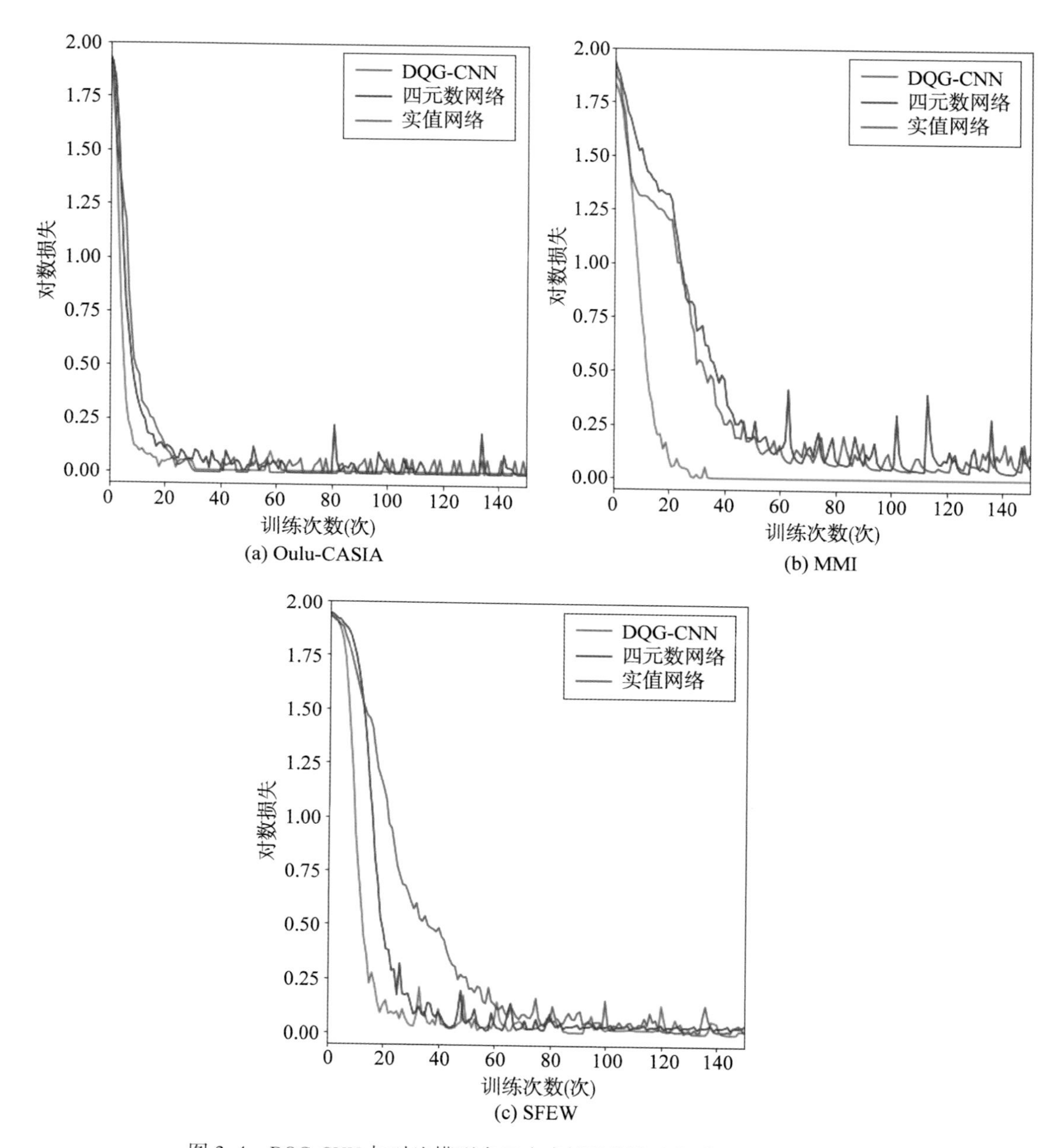

图 3.4 DQG-CNN 与对比模型在三个表情数据集上损失函数变化的曲线

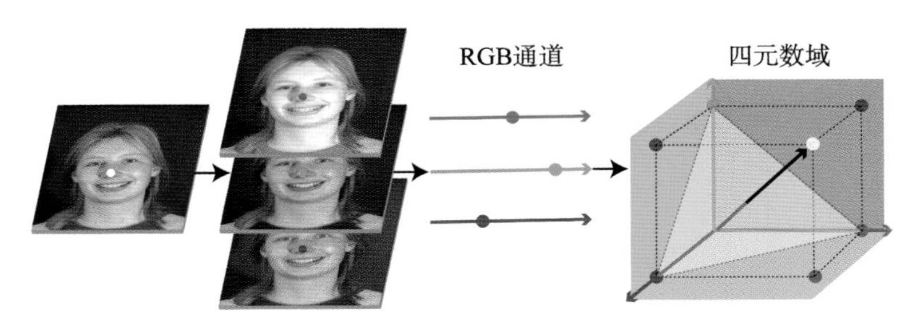

图 4.1　将 RGB 图像转换到四元数域的过程示意图

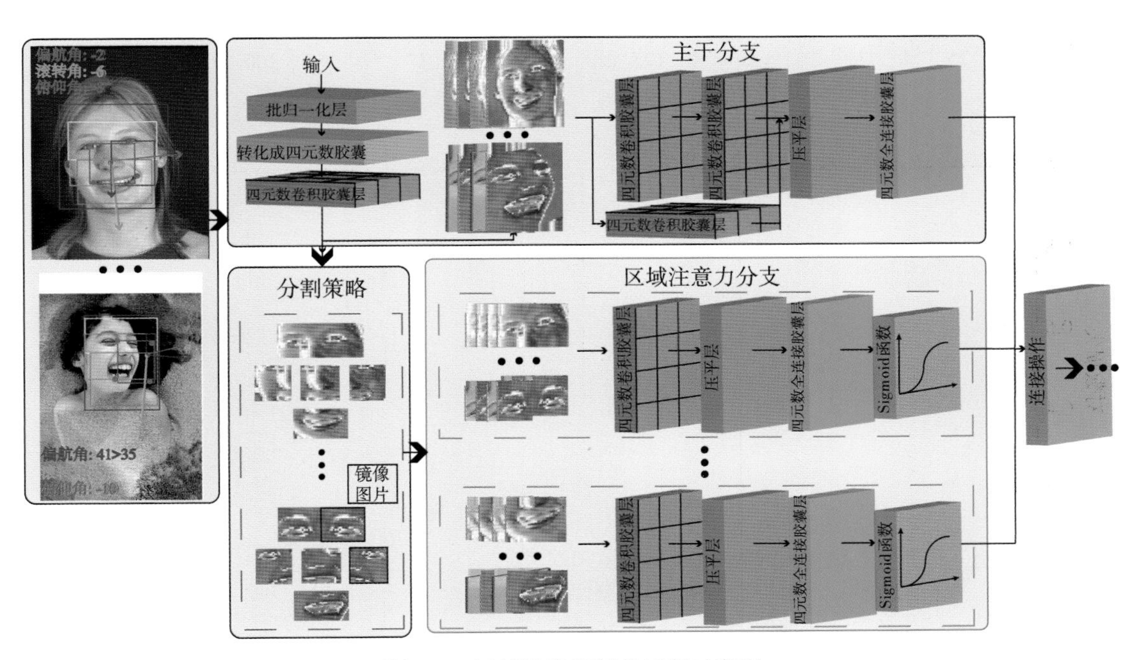

图 4.5　区域注意机制的过程示意图

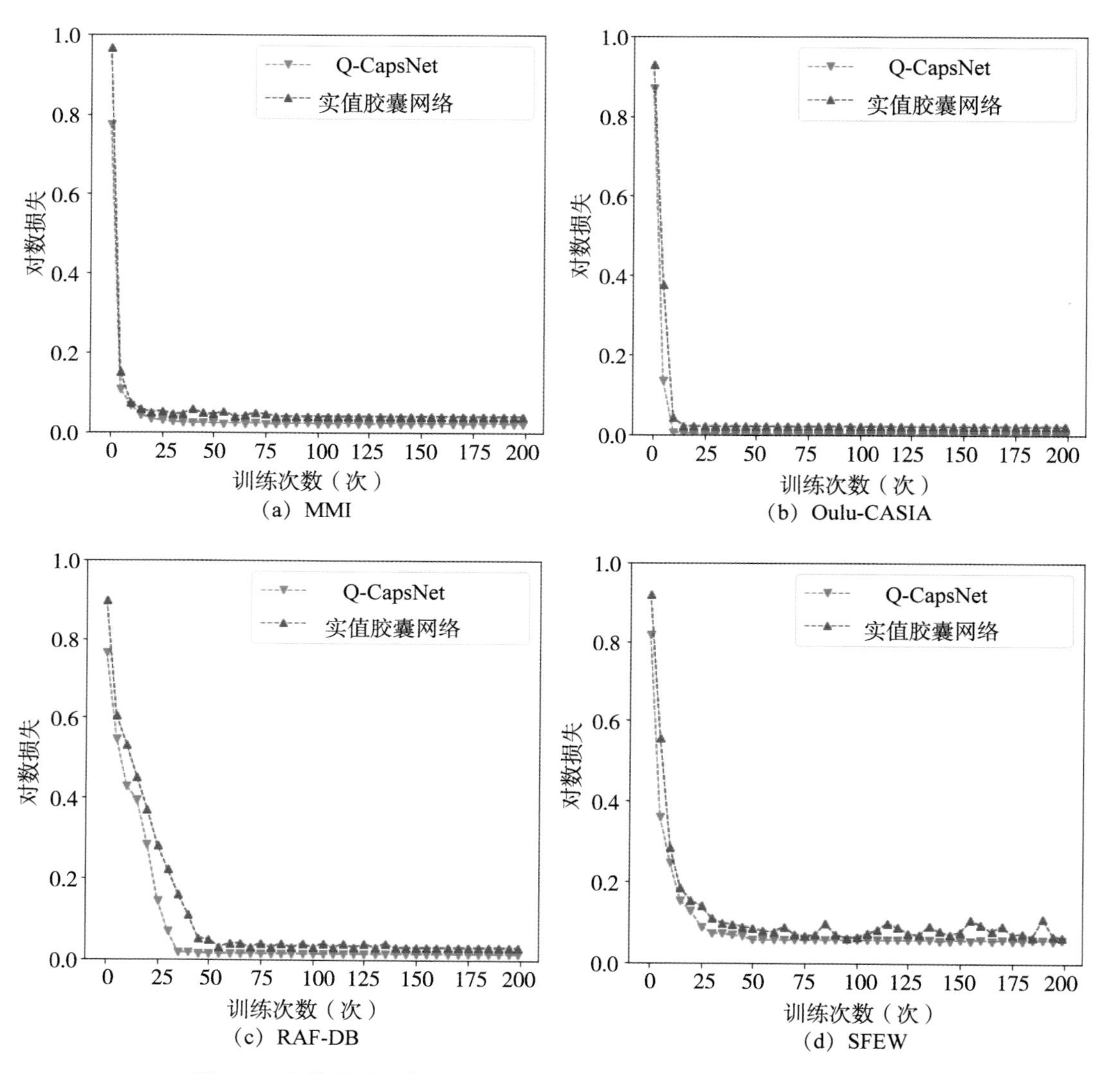

图 4.8 实值胶囊网络和 Q-CapsNet 在四个数据集上的损失函数曲线

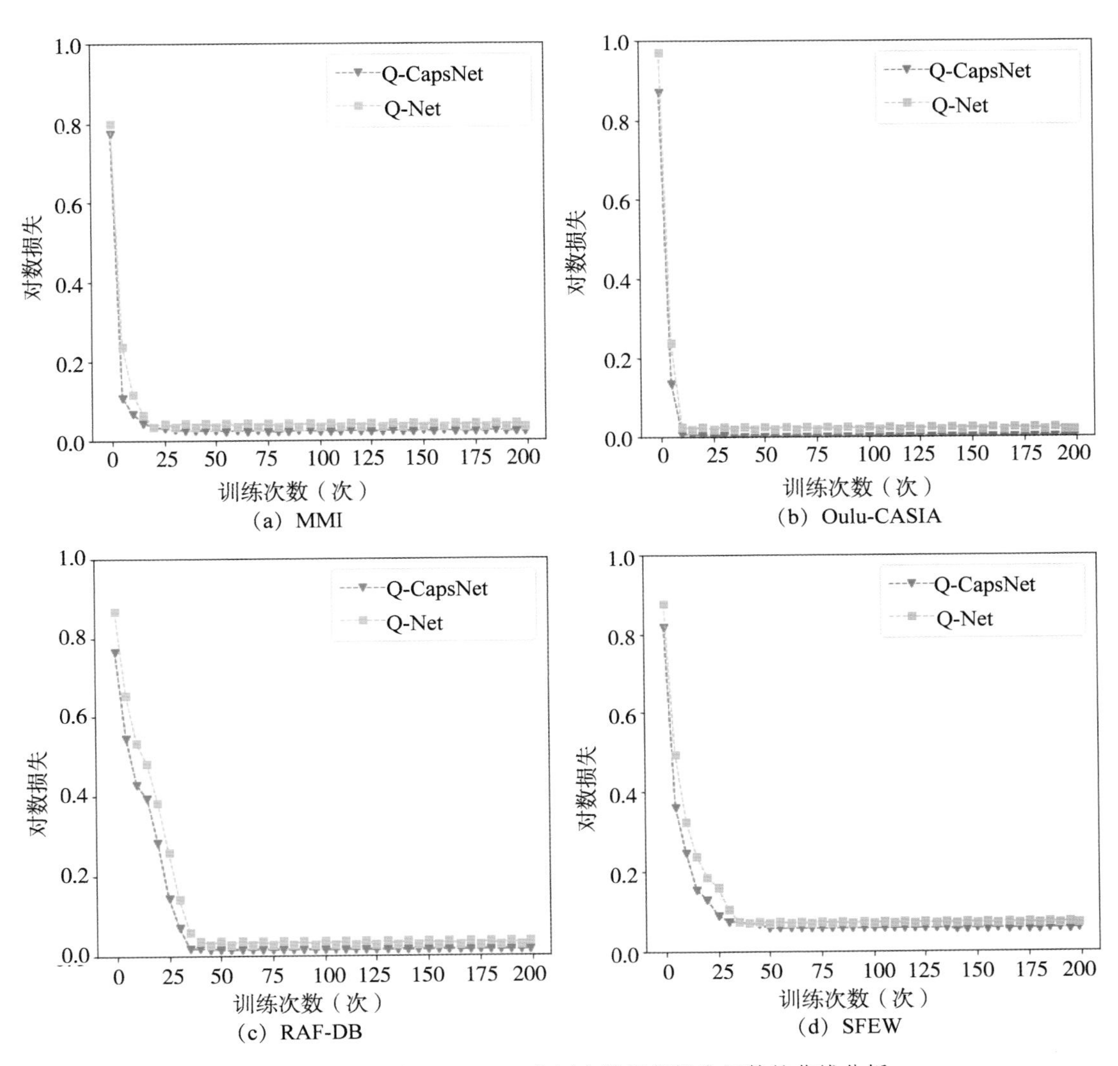

图 4.9　Q-Net 和 Q-CapsNet 在四个数据集损失函数的曲线分析

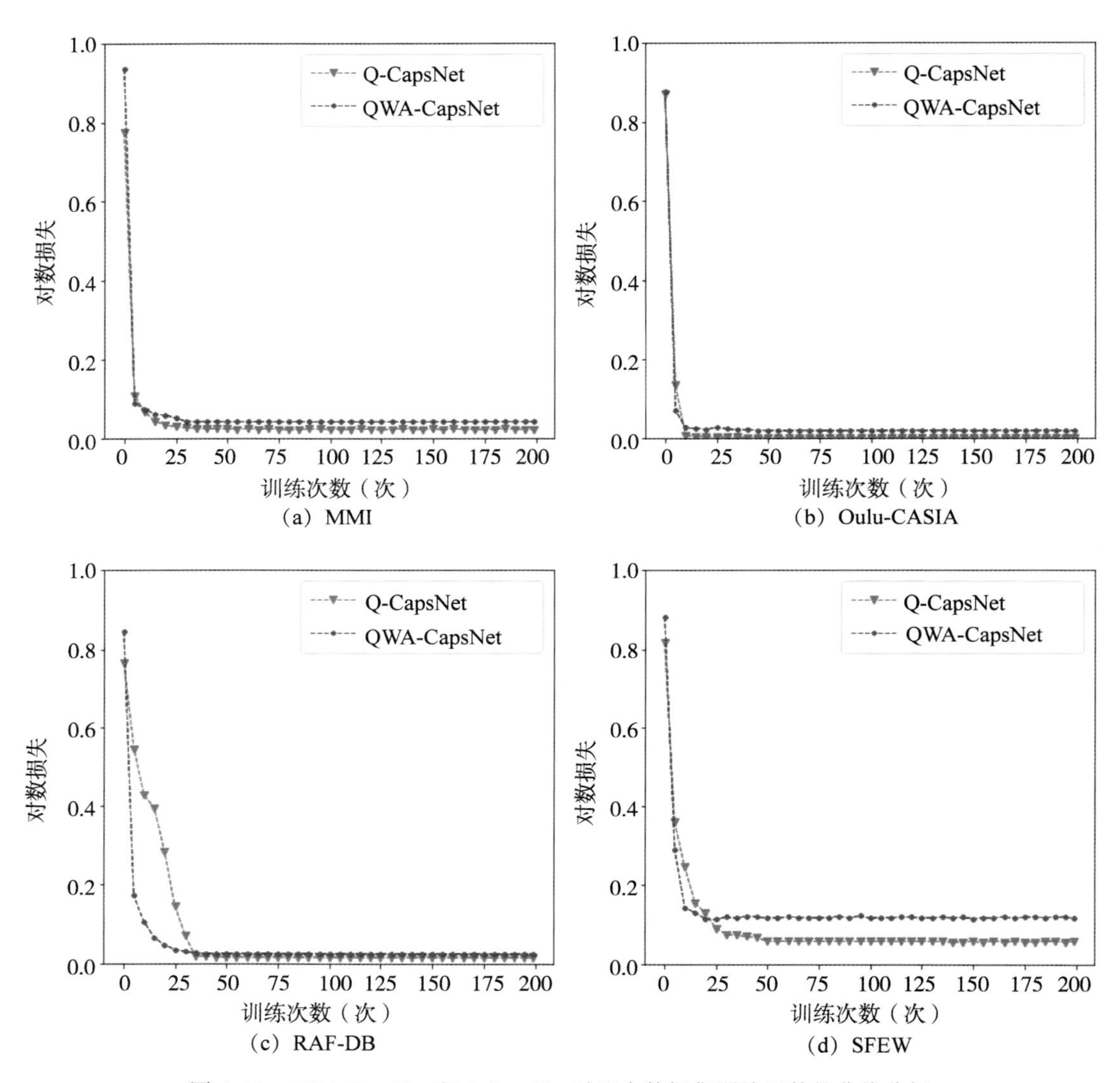

图 4.10 QWA-CapsNet 和 Q-CapsNet 对四个数据集训练函数的曲线分析

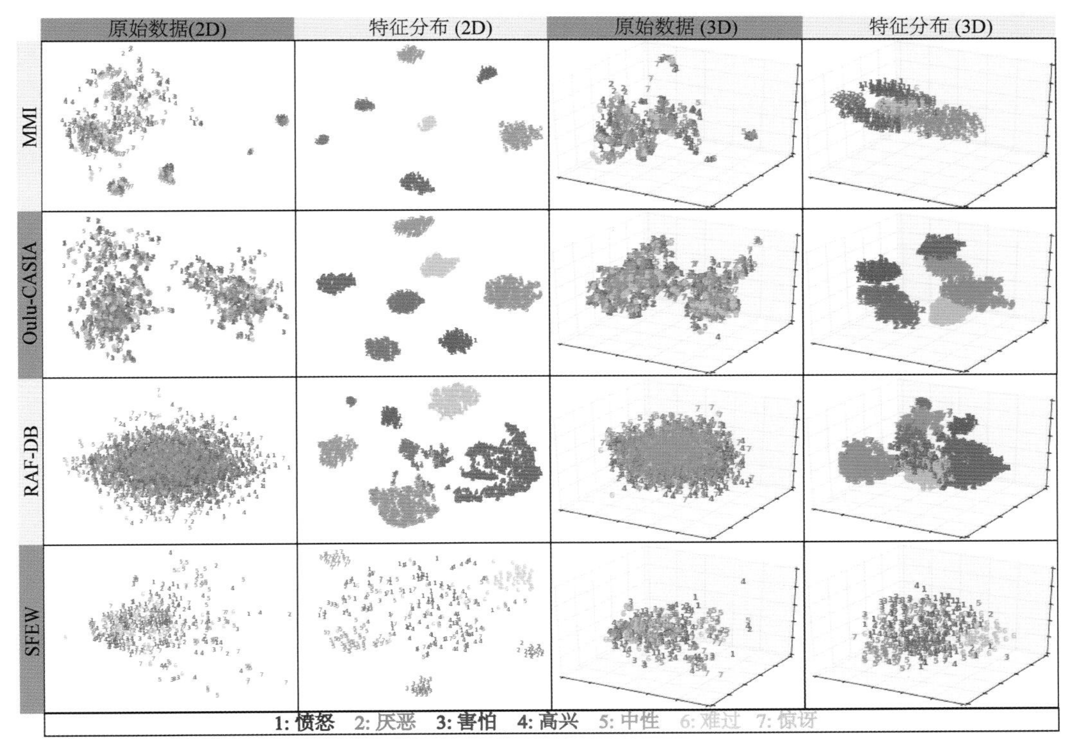

图 4.13　原始数据的 t-SNE 可视化结果和 Q-CapsNet 最终的 QFCCaps 层的特征

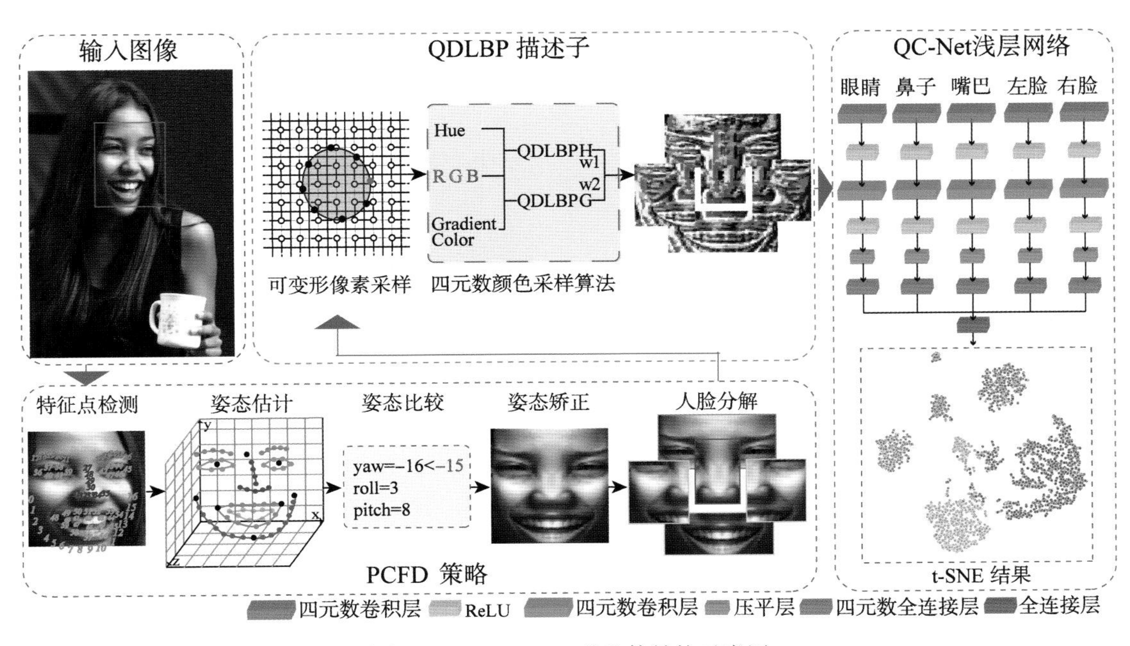

图 5.2　QDLBP-Net 的整体结构示意图

图 6.5　来自 SFEW、RAF-DB、AffectNet 和 ExpW 的图像样本被处理为不同光照条件

图 6.6　来自 SFEW、RAF-DB、AffectNet 和 ExpW 的白色和黑色皮肤图像样本

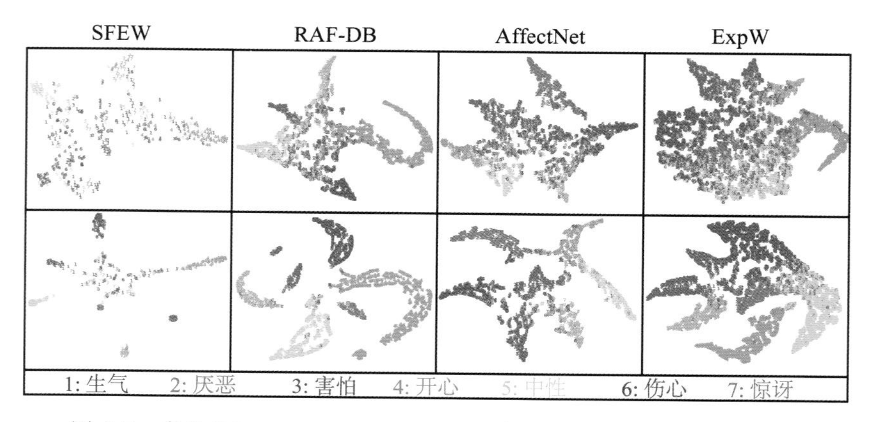

图 6.7　来自 SFEW、RAF-DB、AffectNet 和 ExpW 的特征分布的可视化